U0386038

探索发现百科全书

恐龙王国

DISCOVERY AND EXPLORATION

黄春凯★编

黑龙江科学技术出版社
HEILONGJIANG SCIENCE AND TECHNOLOGY PRESS

前言
Foreword

　　2亿年前的一个清晨，太阳照常升起，温和澄澈的阳光唤醒了这个历经劫难才暂获平静的星球——地球；而此刻的地球不过是一片莽莽的原野，广袤而寂静。然而这寂静很快被一声来自浅水湖边的悠远的鸣叫声所打破——紧随其后的是更多的此起彼伏的鸣叫声——不消说，地球上最为庞大的家族——恐龙家族苏醒了。

　　不管愿意不愿意，恐龙家族的一天已经开始了。那个被后人奉为"丛林法则"的潜在规律如同幽灵一般躲在暗处指引着恐龙家族的一切活动。除了没有行动能力的新生儿，所有的恐龙都要出动了——寻觅食物——只不过有的恐龙是"螳螂"，它们只需够取眼前的鲜嫩树叶就可以填饱肚子；而有的恐龙则是"黄雀"，它们嗜血如命，躲在远处伺机侵袭暗处的"螳螂"。于是，这种"螳螂捕蝉，黄雀在后"的生存大戏每天都在泛古大陆上上演着，似乎是永不落幕的。地球也正因如此而处于一种喧哗与躁动之中。

　　然而地球的生命总是处于一种难以解说的轮回与交替之中。正如5亿多年前的寒武纪生命大爆发，正如2.5亿年前的二叠纪末期生物大灭绝事件……大约在6500万年前，恐龙家族也不可避免地陷入了这种可怕的轮回之中。一次神秘事件过后，庞大得不可一世的恐龙家族在顷刻之间便消失殆尽，被永远地淹没于历史的尘土之中……

　　然而造物主也有温情仁慈的一面，它给好奇的人类留下了无数的线索暗示恐龙的存在，不信，你瞧瞧地下的恐龙化石，以及天空的飞鸟和水中的鳄鱼……所有的线索都在激励和指引着勇敢而智慧的人类去探索，去追寻……

　　看到这里，你是不是也急切地想知道关于恐龙的一切呢？

　　本册《探索发现百科全书·恐龙王国》即是满足你全部好奇心和求知欲的宝库：这里既有科学权威的百科知识，又有天马行空般的奇思妙想，还有妙趣横生的童话故事——为您再现一个真实有趣的恐龙家族。

　　现在，就请开始你的恐龙王国大冒险吧！

目录
Contents

始盗龙的发现地——阿根廷西北部伊斯巨拉斯托盆地，也称"月谷"

始盗龙

在遥远的三叠纪中期，也就是距今约 2 亿 2000 万年的时候，地球上出现了一种全新的爬行动物——始盗龙，这也是人类目前所知的最早的恐龙。1993 年，第一个始盗龙化石出土了，出土地位于南美洲阿根廷，那是一片名为"月谷"的荒莽之处。

始盗龙化石

偶然的发现

始盗龙化石的发现是极为偶然的一件事。当时的古生物学家正在阿根廷伊斯巨拉斯托盆地进行考古发掘。有人在路边发现一个十分完整的头骨化石。这引起了古生物学家们的兴趣，他们便继续发掘，直至一具完整的恐龙骨骼出现在眼前。这便是始盗龙化石的出土过程。

进化的赢家

三叠纪中期，地球处于干旱时期，水域面积锐减使得不少水生物种要适应陆地生活。这样，它们的后肢力量增强，逐渐适应了陆地行走。而始盗龙便是一种进化成熟的动物。

后腿强劲有力

善于奔跑的始盗龙

它们能用后腿竖直站立，并能以后脚的脚趾着地奔跑

前肢短小，方便捕食

灵活的前肢

始盗龙以有力的后肢支撑身体，那么，短小的前肢便得到解放，可以专心捕食。始盗龙的每只手上有五根手指，但只有最长的三根手指上有锋利的爪，这应该是它们最有力的捕猎工具，而那两个没有爪的手指，则不能发挥捕猎的作用。

前肢只是后肢长度的一半，而每只手都有五指。其中最长的三根手指都有爪，被推测是用来捕捉猎物的

凶猛的始盗龙

凶猛的"小不点"

跟同时代的其他动物相比，始盗龙算是个"小不点"了——体长只有 1 米左右，就像今天的狗那样大；体重大约有 10 千克，但它们却是非常凶猛的掠食者，号称"黎明掠夺者"。

陆地疾行者

据古生物学家推测，始盗龙体形极为矫健，奔跑速度极快，这主要是为了捕猎一些小型的动物。所以，不仅小型的爬行动物，而且早期的哺乳动物，甚至我们的祖先，都可能是始盗龙的"盘中餐"。

同时有着肉食性及植食性的牙齿，叶状齿类似原蜥脚下目的牙齿

始盗龙头部化石

奔跑的始盗龙

肉食为主

当捕捉到猎物时，始盗龙便会用指爪及牙齿共同发力，以便撕咬猎物。不过科学家发现，始盗龙长着两副牙齿——肉食性和植食性的牙齿，所以，在没肉可吃的时候，它们也会以树叶充饥。

高度警惕的始盗龙

恐龙是怎样进化的？它们的祖先是谁？

奇思妙想

恐龙的进化经历了漫长的历程，其时长可以千万年为单位。在三叠纪早期，地球还由一种被称为似哺乳动物的物种统治着。与此同时，地球上还生存着一种体形如蜥蜴般大小的动物，名为杨氏鳄。它被公认为是恐龙的远古祖先。杨氏鳄体形娇小，走起路来摇摇晃晃的，只能捕些小虫子为食。后来，这一物种进化出两个分支：一种是今天的蜥蜴，它们继续保持着祖先吃虫子的习性；而另一种则是半水生的早期初龙。初龙的外形与今天的鳄鱼极为相像，身披铠甲，头骨上有坑洼，身后还拖着粗大壮实的尾巴；它们喜欢吃肉，被认为是恐龙的直系祖先。

为了在水中更快地捕食，初龙的形体开始进化，后肢变得更长，也更粗壮有力，渐渐地，它们的腿便移到了身体的下方。后来，气候变得愈加干旱。初龙们不得不迁居陆地，为了适应陆地生活，它们又学会了用两条后腿行走，在奔跑的过程中，它们粗壮的尾巴成了身体的"平衡器"——这样一来，它们的步伐变大了，速度也加快了——这是初龙进化史上的关键一步。

在与陆地环境不断地适应与磨合的过程中，初龙们的身体结构不断进化，也不断完善，这时候，真正的恐龙便出现了。它们甚至开始挑战似哺乳动物的统治权威了。

恐龙的直接祖先是一种叫作派克鳄的物种。派克鳄属于初龙家族，体形很小，长度不足1米，有着长短不一的四肢，身后还拖着一条长尾巴，远远看去，与恐龙的外形极像。它们还不习惯双腿走路，但遇到危险时，也会用两条后腿奔跑。这样的方式和速度便于它们捕食猎物。时间长了，它们便进化为真正的恐龙。

护蛋危机

暴风骤雨终于结束了，阳光再次洒向地面，也洒向了始盗龙一家。

最先感受到阳光的是始盗龙妈妈，它把怜爱的目光投向两个刚出生的孩子，温柔地对丈夫说："孩子们平安度过了它们人生的第一场风雨，真是幸运！"始盗龙爸爸微笑着，但目光却投向了自己身下的深坑，原来那还藏着几个尚未孵化的蛋。没有意外的话，它们很快就要破壳而出了。"这些小家伙的凶险之旅才刚刚开始呢！"始盗龙爸爸心想。

不过眼下，它和妻子最重要的任务是出去找吃的，只有吃的才能让孩子们快速成长起来。出发前，始盗龙父亲叮嘱两兄弟，千万别让那些坏家伙抢走洞里的蛋。

爸爸妈妈出门了，两个小始盗龙也勇敢地承担起守卫的任务：身体较弱的弟弟负责用身体挡住埋蛋的深坑，而哥哥则负责在附近站岗放哨。

太阳西斜时，捕猎者也开始出动了，比如可恶的奇尼瓜齿兽。这些像狼獾一样的家伙虽然斗不过成年的始盗龙，但它们却喜欢偷始盗龙的蛋。

始盗龙哥哥眼尖，早就看到从远处匍匐而来的三只奇尼瓜齿兽。它立即向弟弟发出低沉的嘶鸣，随即便上前去堵住它们。收到"暗号"的弟弟打了一个激灵，它立即开动脑筋：怎么办呢？我要出去帮助哥哥打败这些坏蛋吗？可我不能让弟弟妹妹们暴露出来呀！想到这些，始盗龙弟弟急坏了。而那三个偷蛋的家伙离哥哥越来越近了。

始盗龙弟弟来回扭动，使得不少的尘土落向深坑，它灵机一动：把这些蛋埋起来，我不就能出去帮助哥哥了吗？它快速地掘土，埋好了蛋。

兄弟俩开始并肩面对生活的凶险了。虽然它们的牙齿还不够锋利，指爪也不够结实有力，但它们毫不退缩，大声地嘶鸣着想要吓退敌人。奇尼瓜齿兽也被兄弟俩的气势所震撼，但却不愿意放弃。

偷蛋者无所顾忌，却踟蹰不前；而守卫者略显稚嫩，但也勇敢无畏。双方就这样僵持着，谁也不敢贸然发动攻击。

就在此时，始盗龙夫妇的嘶鸣声从远处传了过来……这下，那三个卑鄙的家伙吓得立即四散逃走了……

危机解除了。可对于稚嫩的始盗龙兄弟来说，它们的凶险之旅才刚刚开始呢！

板 龙

板龙四肢骨骼粗大、有力，它的尺寸有一辆公共汽车那样长

板龙家族是恐龙王国中一个古老的分支，它们活跃于2亿1000万年前的三叠纪晚期。最早出土的板龙化石是一块外形平坦的骨骼，板龙便由此而得名。板龙体格健硕，是地球上最早出现的一批植食性巨型恐龙。

三叠纪巨龙

板龙身形巨大，体长可达6~8米，身高可达3.6米，体重约5000千克。板龙正是凭借如此庞大的身形成为三叠纪时期当之无愧的巨型恐龙。

灵活的脖子使它过于头重脚轻

有很长的尾巴

后肢主要用于行走

形态特征

板龙有着极小的头部和锐利的牙齿、粗长的颈部以及健壮有力的四肢，但在日常行走及觅食时，它们善用两个后肢。两只短小的前肢上生有尖爪，用以自卫和掠取植物。

头骨狭小

板龙的头骨虽然狭小，但它的头颅骨却是异常坚固的。它的头颅骨上生有四对洞孔：鼻孔、眶前孔、眼眶以及下颚孔。另外，板龙的口鼻很长，占据了头部很大的比例。板龙的眼睛分布在头骨两侧，有利于它的觅食和防御行为。

板龙正在河床吞石头

爱吞胃石

板龙的牙齿碎且小，不能把食物咀嚼得很细。因此，为帮助消化，板龙会吞食一些石块，以碾磨植物，便于更好地吸收植物的营养。

植食性恐龙

板龙口中生有许多小叶状牙齿。从它较低的颌部关节位置判断，板龙是一种植食性恐龙。因为体形高大，所以一些高大的植被，如针叶树与苏铁便成为它们的日常口粮。

觅食姿态

板龙在觅食时，要靠两只强有力的后肢撑住身体，站起来，并用弯曲的拇指掠取高大树木上的小枝叶，然后送入口中。一个成年的板龙直立起来的话，能够轻易够到高大树木的树梢。

板龙进食

群体行动

板龙化石被发现时，同一地域曾出土了十分完整的板龙化石群。这说明，板龙是喜欢群体行动的一个物种。为了满足自己的食欲，板龙要不断迁徙，去寻找更多的食物。

集体觅食

登恩·曼特尔是英国一名32岁的乡村医生，同时他也是一个热衷化石收藏的化石迷。工作之余，曼特尔收集了不少古生物化石，甚至还在家中建起了一座小型的地质博物馆。

随着收藏范围的扩大，他的名气也越来越大。1822年，他从妻子那里获赠了几个形状奇怪的大牙齿化石。当时，他并不知道这些化石是什么，但他喜欢钻研，希望知道这些化石所属的物种来源。他带着化石向当时著名的古生物学家居维叶（法国）和巴克兰（英国）请教。然而这两位学问渊博的古生物学家也没能说出个所以然来，他们只能粗略地推断，这可能是一种大鱼或是犀牛的牙齿化石。但曼特尔并不认可这种推断。为了获得更准确的答案，他不断奔波着，跑了无数的博物馆。

功夫不负有心人。1825年的一天，曼特尔走进了一家博物馆。在那里，他发现了一种生活在中美洲的蜥蜴的骨骼。当他把手中的牙齿化石跟蜥蜴的牙齿一对比时，竟发现了它们是十分相像的。只不过自己手上的化石要更大一些。曼特尔恍然大悟！

同年，曼特尔发表了他的研究结果。他断定，那些巨大的牙齿化石，应该是一种尚未被发现的生物，只是它们早已灭绝。曼特尔将这种古生物命名为"鬣蜥的牙齿"——也就是中国人口中的"禽龙"。

因此，曼特尔被誉为最早发现恐龙的人。若是没有他的执着，或许我们要更晚一些才能发现恐龙。

可怕的加餐

雷利是一只刚出生没多久的小板龙。虽然只是一个新生恐龙，但它的个子可不小，足有一棵小树苗那么高了。但这样的个子跟板龙家族的大块头长辈们比起来，根本就是小巫见大巫。

对于初生的雷利来说，它最重要的事情只有一个字——吃，跟着爸爸妈妈以及家族里的长辈们四处找吃的。哪里有高大的铁树森林，哪里就是它们的目标。雷利个子矮，根本够不到树上的美味，只能由爸爸妈妈去摘取树干上的枝叶，然后递给它吃。所以，每次在等叶子的时候，雷利便会悠闲地蹲坐在一边，静静地观察着长辈们取食的动作，一边看，还一边默默模仿学习着。没办法，谁让它是一只新生龙呢？世界上的一切对于它来说都新鲜着呢！

观察了几天后，小雷利学会了不少本事。它能分辨植物了，也能够取食较低处的树叶了。不过，这几天，它也有一个很可怕的发现，这让它困惑极了。

事情是这样的：昨天中午，妈妈吃完叶子后，本应美美地睡上一觉，可是雷利却看到妈妈一副坐立不安的样子，一直低着头四处寻找着什么。雷利不知道怎么做才能帮助妈妈，只好紧紧盯着妈妈的一举一动。过了一会儿，它看到了最不可思议的一幕：妈妈居然收集了不少的石块，还把收集来的石头吞进了嘴里，并仰着头咽了下去。雷利吓坏了，它在心里不断地发问："妈妈为什么要吃石头？""妈妈会不会死？"一想到这，它竟难过地流下了眼泪。

雷利越想越悲伤，也越想越害怕，它立刻颤抖着跑向了妈妈，钻进妈妈的怀里，边哭边问道："妈妈你是在干什么呀？为什么要吞石头下去？你会不会死啊？"

可是妈妈的态度却让它大吃一惊，妈妈竟然微笑着抚摸着它的小脑袋，对它说："傻孩子！妈妈可不是在伤害自己，我这么做对身体是有好处的。"看到雷利迷惑的眼神，妈妈接着说道："因为我们的牙齿碎小，不能把所有的叶子都嚼碎，很容易消化不良，所以，我们要吞食一些石块，让它们进入胃中，通过碾磨，帮助我们消化。"

"原来是这样啊！那我也要吞一些石块！"雷利终于破涕为笑了。学到了新知识，雷利觉得自己又长大了一些。

槽齿龙

槽齿龙生活在温暖又干燥的三叠纪晚期，是当时非常活跃的一种植食性恐龙，具有进化的优势；化石出土地位于南英格兰与威尔士一带。虽然槽齿龙不是最早的蜥脚形亚目恐龙，但却是原蜥脚形亚目恐龙中的知名属种。

槽齿龙是第四个被命名的恐龙

小型头部

颈部有长的椎弓

轻量级恐龙

槽齿龙体形瘦长，长约 2 米，小脑袋，长脖子，身后的尾巴也很长。但它的身高只有 30 厘米，体重仅有 30 千克。

二足恐龙

槽齿龙是一种二足恐龙，前掌有五个手指，后脚掌生有五个脚趾，拥有大型拇指尖爪，后肢较长，行走时主要用两只后足发力。

背椎有强化的横突

正在行走的槽齿龙

槽齿龙化石

四肢着地

槽齿龙后肢修长，前肢较短。它们可能在大部分时间都保持着四肢着地的习惯。因为身高的原因，它们只能寻觅一些长在低处的植物，偶尔也会用后腿直立起来，够取较高的植物。

正在进食的槽齿龙

植食性恐龙

　　槽齿龙的牙齿呈叶状，边缘有锯齿，且锯齿位于齿槽内——这也是它们得名的原因。槽齿龙的齿骨非常短小，下颌前端微微下弯。与近蜥龙相比，槽齿龙牙齿要多一些，可谓牙齿密布，这是它们善于咀嚼嫩叶的先天条件。

肩胛骨宽大、弯曲，稍呈板状

头部较小

脊背突出

　　槽齿龙虽然体形修长，但却有着宽大的肩胛骨。另外，从外形上看，槽齿龙的肩胛骨呈弯曲状，略平坦。

槽齿龙除头部较小外，它还有修长的颈部和后肢

后肢修长

槽齿龙前掌有五个手指，后脚掌有五个脚趾

最早被描述的三叠纪恐龙

　　最初，古生物学家并没有把槽齿龙归类为恐龙，他们认为它是一种较为低等的生物。直到 1870 年，人们才改正过去的观点；槽齿龙在 1836 年已被命名，是第四个被命名的恐龙，前三个分别是斑龙、禽龙以及林龙；槽齿龙也是最早被描述的三叠纪恐龙。

如果没有欧文，恐龙会叫什么名字？

奇思妙想

理查德·欧文（1804—1892）是英国著名的古生物学家，他在专业领域内成绩斐然，专注于中生代爬行动物的研究，可谓是当时的顶尖人才。而恐龙这一名称便是由他创立的。

1841年，欧文正在进行着对远古爬行动物化石的总结性研究。在不断的观察和思考过程中，他敏锐地洞察到一个特别的事实：禽龙、巨齿龙以及林龙是很特殊的一类爬行动物。它们有着庞大的体形，而其肢体和脚爪在某些方面又十分类似于大象等皮肤较厚的哺乳动物。欧文推断这几种动物有着圆柱形的腿，并且它们的腿是从躯干两侧直接朝下伸出的。这与其他的爬行动物有极大的不同。因为其他的爬行动物的四肢都是先向躯干两侧延伸一段，然后再向下伸出的。活动时，这些爬行动物的腹部紧贴地面，呈匍匐状前进。但禽龙等动物的腿很长，将肢体与地面分开了很大的一段距离，这有利于它们进行陆地活动，无论是行走、奔跑还是跳跃都十分灵活。

根据这些推断，欧文认为这些动物应该是一个从未被标识过的古生物物种，并且，它们应该有一个专有名称。于是，他创造性地将希腊词语 Dinos 和 Sauros 组合成一个新的名词，意为"恐怖的蜥蜴"。传到中国时，中国人将其翻译为"恐龙"。

欧文不仅是恐龙的命名者，还为恐龙赋予了进步生物的"美誉"，他认为恐龙是爬行生物中的王者，超越了古今一切的爬行物种。

槽齿龙爱吃"素"

槽齿龙一家的日子是越来越难熬了，已经过了几天吃了上顿没下顿的日子了。对于槽齿龙夫妇来说，因为身体强壮，饿几顿还能忍得过去。可刚出生没几天的孩子怎么办啊？在这个弱肉强食的丛林中，要想活下去，就得有一副强壮的好身体，要想有好的身体，就得抓捕更多的猎物，吃更多的肉。

想到猎物，槽齿龙爸爸的眼神更黯淡了。本来这片林子里只住着槽齿龙一家的，而林子里那些小型的像蜥蜴一样的爬行动物自然都是它们的食物。可自从腔骨龙一家搬来以后，它们的生活就大不如前了——腔骨龙也喜欢吃肉，而且捕猎的本领更高强……

一阵低沉的嘶鸣打断了槽齿龙爸爸的沉思，原来是小槽齿龙醒了。槽齿龙爸爸打起精神，对小槽齿龙说："孩子，起来吧！爸爸带你去找吃的。"

听了爸爸的话，小槽齿龙兴奋极了，它早就想去远一点的林子里玩耍了——它可不在意什么猎物。父子俩走进林子里，小槽齿龙一边走，一边四下瞧着，看什么都新鲜！槽齿龙爸爸见了，便提醒它说："孩子，捕猎的时候要专心，那些小动物最喜欢藏在石头缝或是茂密的枝叶下面。"正说着，槽齿龙爸爸忽然沉默了，它轻轻拍了拍自己的孩子，又做出"嘘"的动作，随后手指向一块大石头——原来那后面藏着一窝熟睡着的小动物。

槽齿龙爸爸让孩子留在原地，自己悄悄地走上前去，想快速出手抓住它们。距离越来越近了，它出手了，可当它的手掌落地时，它却扑了个空——不知哪里冒出来的腔骨龙竟抢先一步夺走了猎物。

槽齿龙爸爸气坏了，但腔骨龙实在是太灵巧了，走路又轻又快，指爪也更有力。槽齿龙爸爸无奈地回头看看自己的孩子，仿佛在告诉它："我们还得再多忍耐一会儿了。"可小槽齿龙似乎并没有在意父亲的失败，它正忙活着自己的事呢——它居然在吃低处的嫩叶。看到爸爸正在看着自己，小槽齿龙急忙挥舞前肢，喊道："爸爸快来尝尝吧，原来叶子这么鲜嫩多汁！"槽齿龙爸爸哭笑不得，可是肚子饿得难受，它只得伸手抓了一根树枝过来，囫囵个儿就将那树枝塞入了大嘴巴中，"嘿！味道真的不错。"

吃着吃着，槽齿龙爸爸忽然想明白了，"我们为什么不改变一下自己的习惯呢？猎物会越来越少，树叶肯定是吃不完的，只要能活下去，吃什么又有什么关系呢？"打这以后，槽齿龙吃"素"的习惯就保持下来了。

腔骨龙

腔骨龙活跃于三叠纪晚期，又名"虚形龙"，是活跃于北美洲的一种体形轻盈的肉食性恐龙。体长不超过 3 米，臀部约有 1 米高，属二足恐龙。腔骨龙得名于其空心的四肢骨，在早期恐龙家族中具有较高的知名度。

腔骨龙

进化的恐龙

与始盗龙相比，腔骨龙在构造上已经展现出进化的痕迹。腔骨龙的头部有很大的孔洞，孔洞间有狭窄的连接骨，这既减轻了头部的重量，又保持了头颅骨结构的完整性。

长颈部呈 S 形

头部具有大型孔洞，可帮助减轻头颅骨的重量

独特的叉骨

腔骨龙的躯体基本继承了兽脚亚目恐龙的体形特点，但又表现出一些区别：这体现在骨骼构造方面——它的肩部长有叉骨，它们是最早被发现具有这一特征的恐龙物种。

腔骨龙生活的外部环境非常干燥，为了适应严峻的生活，腔骨龙以尿酸的形式排出有毒的含氮物质，这样可以保持水分

隐藏的第四指

腔骨龙手掌上生有四指，其中三指可活动并发挥作用，第四指则隐藏在手掌的肌肉内。它的后肢脚掌生有三趾，而后趾不与地面直接接触，而是留有一定的距离。

四肢骨骼部分和现在的很多鸟类一样

腔骨龙的尾巴，主要作用是保持身体平衡

腔骨龙身长 2 米多，后肢细长，奔跑时很有力

维持平衡的尾巴

腔骨龙有着构造独特的细长尾巴，因为脊椎前关节突呈交错状，因而其尾巴是半僵直的，这不利于尾巴上下晃动，但在水平方向上比较灵活，能在奔跑时起到保持平衡的作用。

小个子的肉食者

腔骨龙外形小巧、轻盈，但存在着雌性与雄性的区别，即雌性外形较为纤细，而雄性则更为强壮。同时，它们也是凶狠的肉食者。腔骨龙的牙齿锋利，呈锯齿状，这是它们以肉为食的有力证据。

腔骨龙的头部具有大型孔洞，可帮助减轻头颅骨的重量

腔骨龙体形小巧、轻盈

群体猎食者

腔骨龙体形娇小，更喜欢集体出动。这能够使它们在面对大型的植食性恐龙时，更有信心和力量。一些小型的类似蜥蜴的动物也是它们的捕猎目标。更可怕的是，它们还留存着同类相残的恶行。

腔骨龙集体捕猎

飞向太空

1998 年 1 月 22 日是美国发射奋进号航天飞机的日子。这个进入太空的航天器中便携带了一枚腔骨龙化石，这也是第二个被送入太空的恐龙化石。最早进入太空的恐龙是慈母龙，时间为 1985 年。

腔骨龙的骨骼化石

曼特尔最先发现恐龙化石，也确认了恐龙这种远古爬行动物的存在。那如果他有更多的精力去搜寻，会有什么发现呢？他与后来的世界范围内的"恐龙热"的兴起有什么关系呢？

曼特尔和欧文对恐龙热的出现起到了首倡和推波助澜的巨大作用。远古生命的传奇故事激励着一大批来自世界各地的古生物学家和化石爱好者不断地寻找、发掘，又为各种类型的恐龙命名。

在这一批先驱者的努力之下，越来越多的与恐龙有关的化石开始出土，人们对恐龙的了解也越来越多。世界各地都有恐龙遗体、遗迹和遗物形成的化石。它们几乎都是"石化"了的恐龙的一部分，比如完整的或残缺不全的恐龙骨架化石。此外，人们还发现了恐龙行走或奔跑的证据——脚印化石；而恐龙蛋化石则向人们展示了它们是如何繁衍后代的；恐龙胃中的残留物以及排泄的粪便又让我们明白了它们的饮食喜好，甚至人们还发现了恐龙的皮肤化石，这一切都加深了我们对恐龙的了解，更加深了我们对恐龙的兴趣。

而如今，我们沿着曼特尔等先驱人物的足迹，在世界的各大洲都发现了恐龙的遗迹，从三叠纪恐龙到白垩纪都有且形态各异。

而我国也出土了数量众多、形态各异的恐龙化石。这些恐龙化石为我们的古生物学研究提供了重要的实物证据，激励着一代又一代的学者们继续深入地研究。

腔骨龙的末路

一只腔骨龙受伤了。它正拖着断了半截的尾巴努力地跟着自己的队伍，好使自己不被落下太远。这是一支刚刚结束一场"战斗"的腔骨龙队伍，它们习惯集体出动、一拥而上的捕猎方式（这种方式也让它们这群小个子占了不少便宜）。

就说刚才吧！这几只腔骨龙正在四处觅食，忽然，一只体形庞大的大椎龙出现在了它们的视野中——那个大家伙正在悠闲地啃树叶吃呢！为首的腔骨龙有着丰富的捕猎经验，它知道那些大家伙只是看着吓人而已，其实动作慢着呢；牙齿也不锋利——"只要我们躲过它的大尾巴，一拥而上准能将它扑倒"，它这样想着，便回头示意它的小"跟班"们，那意思就好像在说："我们趁它没有看到我们，赶紧扑上去，咬断它的脖子或是剖开它的肚子。"

大椎龙一点没注意到身后的动静，依然自顾自地咀嚼着美味。因此，当几只腔骨龙一拥而上，纷纷用爪子抓、用牙齿咬它的时候，它慌乱极了。它刚一弄清楚状况，便立即挥舞起自己的长尾巴，想用自己的"大鞭子"吓走这几个小个子。可是这些小个子太灵巧了，总能躲开它的击打，牙齿和爪子又十分尖利，它的身上已经开始流血了。大椎龙气急败坏，连看都不看，胡乱地甩着尾巴。忽然，它感觉到自己的尾巴好像缠住了一个很细的东西，它也不管那么多了，只是来回地甩动自己的尾巴，只听"啪"的一声，它的尾巴落空了，回头一看，一只腔骨龙的尾巴竟掉了半截。就在它走神的时候，为首的腔骨龙狠狠地咬向了它的脖子。

腔骨龙队伍获得了胜利，它们美美地享用了一顿。可是那只受伤的小腔骨龙却没人理睬了。为了填饱肚子，它只好忍着剧痛抢食了几口。

饱餐之后，腔骨龙队伍又昂着头出发了。那只受伤的腔骨龙渐渐体力不支了，行走慢了下来，但它依然努力地想跟上前面的伙伴们。

天很快就黑了，赶了一天的路，腔骨龙们饥肠辘辘，可是这时候那些大恐龙都已经躲起来休息了，基本找不到吃的了。大伙听着肚子里的"咕噜"声，互相看着，只有那只受伤的腔骨龙在不远处呻吟着。

几只腔骨龙用目光交流了一下，接着，它们便轻轻走向了那只受伤的腔骨龙……只一会儿的工夫，它们就将自己的同伴分食一空。

理理恩龙

理理恩龙生活在约 2 亿 1500 万年前到 2 亿年前的晚三叠纪时期，属于腔骨龙大家族中的一员。1934 年，理理恩龙化石出土于德国，后来在法国等地也有理理恩龙的化石被发掘出来。理理恩龙身长约 5.15 米，最重可达 400 千克。

理理恩龙

称霸一时

在恐龙家族中，理理恩龙的体形并不算数一数二；但在它生活的那个时期及地域中，它却是显赫一时的王者。从体形来看，理理恩龙是当时最大的食肉恐龙。它们常常捕食一些小型恐龙，连板龙也不放过。

头部呈狭长的三角形，上有脆弱的两片头冠

脖子较长

尾巴较长，主要保持身体平衡

前肢短小，手上还有 5 根手指，第四指和第五指已经退化缩小

体型特征

成年理理恩龙身体最长可达 6 米，未成年理理恩龙的体长也在 3 米以上；理理恩龙的外形很像后来的双脊龙——头部呈狭长的三角形，上有脆弱的两片头冠；脖子和尾巴都是长长的，前肢却是短小而灵活的。

理理恩龙是三叠纪晚期最大的食肉恐龙，主要分布在法国、德国

理理恩龙是那个时期生活的最大的食肉恐龙

二足恐龙

理理恩龙是典型的二足恐龙，因为前肢短小，主要功能在于捕猎；所以它们主要依靠后肢的力量行走，长长的尾巴是它们天然的"平衡舵"——保证它们急速进行或是转弯时不至于摔倒在地。

正在行走的理理恩龙

早期肉食恐龙

　　理理恩龙的构造上带有早期肉食性恐龙的某些特性，比如它们的前掌上生有 5 指，前三指的指端生有锋利的指爪；第四和第五指已经退化，但功能依然强大。在此后出现的肉食性恐龙中，第四指和第五指干脆就不发育了。

不堪一击的头冠

　　理理恩龙的头上有一个特别之处——两片薄薄的脊冠——这只是两片单薄的骨片，所以它们是不堪一击的。要是猎物忽然攻击它们的脊冠的话，它们很有可能因剧烈的疼痛而放弃搏斗，并落荒而逃。

理理恩龙攻击板龙

水中突袭

　　理理恩龙非常聪明，它们甚至懂得从水中发动突然袭击，以猎食目标。因为当植食性恐龙进入水中时，行动和反应力会变得很缓慢，甚至是迟钝的，这样它们在面对理理恩龙的突然袭击时，十分被动。而这种捕食技巧也被现代的动物所继承和发扬。

正在捕食的理理恩龙

如果要辨别恐龙性别，有什么办法？

绝大多数动物都存在着性别的差异，恐龙自然也不例外，但如何区分恐龙的性别一直困扰着科学家们。

近年来，美国科学家研究出了一套区分恐龙性别的方法。而他们的灵感则来自于恐龙的现代近亲——鸟类。据科学家观测，雌鸟在产卵之前，体内会储备大量的钙质以帮助蛋壳的形成，这种储备的钙质存在于鸟类的长骨内，并以额外骨膜的形式沉积着。当雌鸟需要这些钙质时，储存在骨骼内的钙质会迅速游离到血液中。而这种现象并没有在雄鸟身上发现过。因为它是在雌激素的影响下才会出现的生理现象。

根据以上事实，科学家重新检测了保存完好的霸王龙骨架；检测结果证明，霸王龙化石的骨骼构造与雌鸟十分类似，这说明，雌恐龙也会将产卵所需的钙质储存到特定的骨骼中。这同时意味着，通过检测恐龙钙质的含量以及储备情况，可以准确地区分恐龙的性别。

而这个发现，除了能帮助我们分清恐龙的性别，也有力地证明了恐龙具有与如今的鸟类同样的繁殖方式。它们在产卵和破壳的方式上，与鸟类的相似度甚至超过了今天的鳄类动物。

最后的晚餐

三叠纪晚期的湖畔总是蕨类丛生、绿树掩映的，这是板龙觅食的天堂。每当它们饱餐一顿之后，便要悠闲地漫步到湖心处，痛痛快快地喝上一通清澈甘甜的湖水，然后它们心里盘算的便是找一棵茂密的大树，在树底下美美地睡上一觉了。

夕阳下享受美餐和痛饮几乎是每个板龙一天中最快乐的时光。你瞧，树梢上的树叶摆动着，又发出"沙沙"的声响——那是一只刚刚吃饱的板龙正向湖边走来。它要像往常那样享受最后的痛饮了。慢悠悠地迈着步子，不时地打个饱嗝——甘甜的湖水就在眼前——板龙的心情别提多愉快了！——可是身后呢？情况却不太妙——两只理理恩龙已经埋伏多时了。它们早已注意到这只板龙的日常生活规律，也知道它最为放松的时候就是到湖心喝水时。

所以，这两个家伙有足够的耐心等待着板龙享受它最后的美好时光。看着板龙慢慢走入湖心，两只理理恩龙互相使了一个眼色，便蹑手蹑脚地跟在板龙的后面——毕竟这只板龙的个头不小，突然袭击也没有十足的把握，万一提前打斗起来，板龙拼命撞击自己脆弱的脊冠，那它们就得放那可真是"偷龙不成反要蚀把米了"！

弃捕猎——

好在板龙一心要解决自己口渴的问题，根本无暇顾及自己的身后。一到湖心，板龙便低头痛饮起来。喝了一通之后，肚子里"咕噜咕噜"地叫了一阵，仿佛还有点不过瘾，板龙再次向前走去，那脚便踏入了沼泽之中。它再次低头痛饮。

可这次，还没等听到"咕噜咕噜"的声音传来，两只理理恩龙便一跃而上，发动了攻击。其中一只理理恩龙一口咬住了板龙的脖子，板龙痛得"嗷嗷"叫唤，可是身子却不由自主，脚陷入沼泽之中，而自己的肚子也被另一只板龙咬住了。板龙拼命地发力挣扎，可是全身的神经被疼痛所吞噬，根本不受自己的控制了……

一阵痛苦的嚎叫和挣扎之后，板龙的鲜血流尽了，湖水也红了一大片。板龙偌大的身子轰然倒塌，成了理理恩龙的大餐。而此时的它刚刚享受完自己最后的晚餐。

大椎龙

大椎龙又名"巨椎龙"，生存于气候炎热的侏罗纪早期，2亿年前到1亿8300万年前，化石出土地包括南非以及赞比亚等地。大椎龙是最早被命名的恐龙之一，其命名原因来自于它身上巨大的脊椎。

大椎龙头小颈长

大椎龙椎骨较多，从颈部延伸到尾端

体形中等

在恐龙家族中，大椎龙体形居中，头部较小，具有较长的颈部和尾巴，前肢较短，后肢粗壮；身长为4~6米，体重可达135千克。它属于原蜥脚类恐龙，行走步态为二足行走。

前肢具有锐利的拇指指爪，可用来防卫或协助进食

两条后腿强劲有力，成年的大椎龙主要是靠两条后腿站立的

尾巴较长

大椎龙复原图

头部小巧

大椎龙的头部小巧，长度不及股骨长度的一半，并有众多孔洞，这减轻了头骨的重量，为肌肉提供了附着之地，更能容纳较多的感觉器官。但在具体的个体中，这些头部特征也存在一定的差异性。

大椎龙的头骨

椎骨众多

大椎龙名副其实，修长的身体上缀满了椎骨——从颈部延伸至尾端。粗长的颈部上长有9节颈椎，脊背上有13节脊椎，另外还有3节荐椎和不少于40节的尾椎。大椎龙具有蜥臀目恐龙的特征，即耻骨朝前。

大椎龙

正在行进的大椎龙

不对称的前掌

大椎龙的每个脚掌上都长有五趾，拇指上生有大型指爪，这有利于它们捕食和进食，也能起到抵御侵袭者的作用。但是它们的前掌是不对称的，因为前掌的第4、5节指十分短小，比前面三指短很多。

备受争论的食性

大椎龙属于原蜥脚类恐龙，而关于原蜥脚类恐龙的食性科学家们争论已久。曾有科学家认定大椎龙为肉食性恐龙。但目前为止，这种假说已被否定，科学家们更倾向其植食性或杂食性的假设。

大椎龙的骨骼化石

鸟类气囊

许多蜥臀目恐龙的脊椎与肋骨处存在空腔，这可能是较为低级的空气流通系统，类似现代鸟类。而原蜥脚类恐龙作为蜥臀目物种则没有鸟类的肺脏，但可以确定的是，它们长有颈部和肺部气囊，这种构造与鸟类极其相似。

如果穿越到侏罗纪，会怎样？

奇思妙想

侏罗纪时期是恐龙演化进程中的鼎盛时期，也可以说是恐龙大暴发的时代。那个时候，恐龙已经发展成为了地球的统治者。各种各样的恐龙占据着侏罗纪时代的陆地、海洋甚至是天空。陆地上行走着身体巨大的雷龙、梁龙等恐龙，水中游弋着鱼龙，而空中则有翼龙在翱翔。

侏罗纪是介于三叠纪和白垩纪之间的一个地质时代，是中生代的第二个纪，开始于三叠纪末期的灭绝事件。侏罗纪这一名称取自于德国、法国、瑞士边界的侏罗山。超级陆块盘古大陆此时真正开始分裂，大陆板块漂移形成了大西洋，非洲开始与南美洲分裂开来，而印度板块则开始移向亚洲。

生活在陆地上的恐龙主要是植食性的原龙脚类和鸟臀目恐龙，到侏罗纪晚期时，体形更为庞大的龙脚类恐龙则成了陆地霸主。它们可以同时吃到高与低处的植物；龙脚类主要靠吞下的石头来磨碎食物。此时，大型蜥脚类恐龙有圆顶龙、迷惑龙、梁龙、腕龙等，它们喜欢吃草原上的蕨类、大型苏铁、本内苏铁目植物，有时候也吃一些松针；大型肉食性恐龙包括角鼻龙、斑龙、蛮龙、异特龙等。

大型的兽脚类恐龙以猎食植食性动物为生，小型的兽脚类恐龙，如空骨龙类和细颈龙类则以小型动物或腐肉为食。而此时鸟臀目恐龙的数量较蜥臀目恐龙少，但剑龙目与小型鸟脚目恐龙数量较多，这些中小型的植食性恐龙在整个生态系统中占据着重要的位置。

侏罗纪时期，种类繁多、数量庞大的恐龙家族统治着整个地球，白垩纪时期恐龙家族由盛转衰，因此侏罗纪时期是当之无愧的"恐龙时代"。

大椎龙交朋友

一只小大椎龙一直跟妈妈生活在一起，有一天，它莫名感到十分孤单，便跟妈妈说："妈妈，老是我一个人玩，真孤单，我想有一些朋友。"妈妈慈爱地望着它，对它说："要想交到朋友，你就得去森林里寻找，还要学会帮助别的恐龙，这样你才能交到朋友呢！"

"只要帮助别的恐龙就可以交到朋友吗？原来交朋友这么简单啊！"小大椎龙说道。

"当然啦，但你一定要小心那些头上长着可怕的脊的双脊龙，它们可不是你的朋友，它们可能会吃掉你呢！"小大椎龙虽然有些害怕，但阻挡不了它交朋友的决心。

它一个人勇敢地上路了。当它慢腾腾地走进了森林中，很快就遇到了一只体形小巧、个子矮矮的恐龙。它看上去有点吓人——身上竟披着一层铠甲——原来那是一只腿龙。虽然自己个子很高，但小大椎龙也有些害怕，它很害怕那个家伙会吃掉自己。腿龙也是头一次见到大椎龙，同样感到不知所措，便慢慢向后退去。

看到对方慢慢后退，小大椎龙忽然害怕了，便站在原地望着它。腿龙似乎感到不那么觉得自己小心过了头，便低着头吃起灌木丛里的小嫩叶。

"呀！原来它跟我一样，是吃叶子的！那我们可以交朋友了。"想到这，小大椎龙开心极了，它主动走上前去，低着头问："你叫什么名字？你也爱吃叶子吗？"

"我叫腿龙，我从小就是吃叶子长大的，可因为个子矮，只能吃低处的小嫩叶。"腿龙似乎有些委屈。

"那你想尝尝树梢上的叶子吗？"小大椎龙问道。

"当然啦！"

"我可以帮你！"说完，小大椎龙挺直了身子，昂起头，一下子就够到了树梢上的嫩叶。它拽下来一把枝叶，低头送到腿龙的脚下。

腿龙低着头去品尝，"原来高处的叶子也很甜。"

"那我以后都可以帮你够呀！我们是好朋友了吗？"小大椎龙兴奋地问道。

"当然是啦，你帮助了我，我也很想和你交朋友。"腿龙也乐呵呵地回答道。

从此以后，大椎龙有了好朋友，它们常常一同去远处的林子里觅食，玩耍。它再也不觉得孤单了。

腿 龙

腿龙又称棱背龙，是一种体形较小的恐龙，身长仅有4米，但它却有着笨重的躯体和粗壮的四肢。腿龙属鸟臀目恐龙，曾被分类于剑龙或甲龙下目，但无论怎样归类，都有科学家提出质疑，目前，人们更倾向于将其分类于甲龙下目。

腿 龙

腿龙最大的特征是嵌在皮肤里的骨质鳞甲构成的装甲，这些鳞甲以平行方式沿着身体排列，是它们抵御食肉恐龙的武器

腿龙的头部小，而颈部比大部分装甲恐龙的颈部长

骨质装甲

在外形上，腿龙最显眼的特征便是几乎遍布全身的棱状突起，这是由嵌在皮肤里的骨质鳞甲构成的。它们平行地分布于颈部、背部、臀部及尾部。在遇到敌害时，这些棱状突起会给它们提供保护。

腿龙是四足恐龙，它有四个脚趾

四足恐龙

腿龙是一种四足恐龙，且其后肢较长。腿龙两只后肢的下半部骨头十分粗短，使它们能够为整个身体提供巨大的支撑力量。腿龙的四个脚掌大小相同，它们可四足行走。

头小颈长

腿龙的头部与晚期的甲龙下目恐龙有很大的区别，它的头部状似一个狭长的三角，生得较低矮，外形上与原始的鸟臀目恐龙很像。但它的颈部却要比同类的装甲恐龙长得多。

腿龙是四足恐龙，后肢较前肢长，后肢下半部的骨头较粗短。它们以后肢支撑身体，以树叶为食

植食性恐龙

腿龙的腭部构造简单，牙齿为小叶状的颊齿，这种构造只能使其做出一些上下方向的咬合动作，非常适合咀嚼植物。据科学家推测，腿龙的进食方式为，以下颌移动促使牙齿产生刺穿和压碎的系列动作。

爱吃水果

腿龙的咀嚼能力不强，嘴前端有窄喙，因此，它们可能具有吞咽胃石以协助磨碎食物的习性，这与当今的鸟类和鳄鱼的消化方式十分相像；腿龙的食谱以生长在低处的嫩叶为主，且配以水果。

侏罗纪海岸

腿龙的知名度不高，远不及剑龙以及甲龙，但在侏罗纪时期的英格兰海岸却活跃着不少的腿龙。英格兰的查茅斯地带曾出土了腿龙的化石，而这片土地也因此得名"侏罗纪海岸"。

腿龙是植食性恐龙，它的食物以树叶和水果为主

1860 年出土了最完整的腿龙化石，在英国多塞特至德文东部的一段海岸

31

恐龙化石是我们发现恐龙存在的直接有力证据，没有它，我们肯定不能确信恐龙真的存在过。而作为有生命的动物，有生存自然就会有死亡。恐龙死后，尸体上的肉不是被其他动物吃掉，就是慢慢腐烂消失，只剩下一具恐龙骨骼躺在湖底或其他低洼处，后被风或水带来的泥沙层层覆盖，直到完全沉入泥里。经过千万年，这些泥沙使骨头渐渐石化，矿物质填充进了骨头的空隙中，这样就使得恐龙的遗骨及其形状得以长期保存。

另一些尸骨，在沉积物变成石头后慢慢腐朽，它们的腐朽使石头里面留下空洞，雨水将矿物质及其他物质带来，把这些空洞填满，形成了和原来骨头形状一样的结块，这些结块被称为铸式化石或模式化石。

我们最熟悉的恐龙化石便是它的躯体化石，即恐龙牙齿和骨骼化石；而恐龙的遗迹，包括足迹、巢穴、粪便或觅食痕迹也有可能形成化石保存下来，这些便是所谓的生痕化石。通过生痕化石，我们会更加了解恐龙的生存环境和习性偏好等细节，通过对这些化石的研究，人们可以推断出恐龙的类型、数量、大小等情况。

恐龙的骨骼和牙齿等坚硬部分是由矿物质构成的。矿物质在地下往往会分解和重新结晶，变得更为坚硬，这便是"石化过程"。随着上面沉积物的不断增厚，遗体越埋越深，最终变成了化石。而周围的沉积物也变成了坚硬的岩石。

时光推移，沧海桑田，沉积层渐渐变成岩石层，恐龙骨骼夹杂在矿物质中。又过了几百万年，恐龙的骨头在岩石里变成了化石。

挑食的小腿龙

腿龙妈妈只有一个孩子——小腿龙，它十分宠爱这只小腿龙，总把最好吃的东西留给它。

渐渐地，小腿龙竟养成了挑食、偏食的坏毛病。它不像别的小腿龙那样，把叶子和水果搭配着吃——它只爱吃甘甜多汁的水果。它觉得叶子——就算是最新鲜的嫩叶也没什么味道，简直是难以下咽。

它对妈妈说："要是不给我采回水果，我宁愿饿肚子。"

妈妈笑着说："傻孩子，果的数量没有叶子多，到了秋天就没有果子可吃了。那时候，连叶子都会少很多呢！"

"我不管，我要你走远一点去找果子给我吃。你要采到很多的果子，我们就可以存起来，到秋天的时候再拿出来吃。"小腿龙撒娇地对妈妈命令着。

可是在这片林子里本来就是果子少，叶子多，要是赶上饥荒，连叶子都吃不上。没过多久，林子里真的闹起了饥荒。

天越来越热，好久都不见一滴雨落下。树叶渐渐枯黄了，果子更是少之又少。所以，腿龙妈妈每天只能捡回一点点的干草，根本连果子的影儿都看不见。小腿龙气得哇哇大哭，它哭闹着对妈妈说："一点水果都没有，让我怎么吃啊？我可咽不下去。"腿龙妈妈也没办法，那些枯草干巴巴的，妈妈也没办法啊。它叹口气说道："孩子，这还是我留给你的呢，不然连这种干草都没有了。等过了这阵子，就会有果子吃的。"

小腿龙实在不想吃，可是肚子又很饿。没办法了，它只好咬咬牙，闭着眼往肚子里吞了。它吃得很费劲，但总算吃完了。这时，小腿龙只感到口干舌燥，实在太渴了。

为了解渴，它又跟着妈妈去了一处快要干涸的湖里喝水。那水真脏啊！浑浊不堪。可是它太渴了，只得低头一阵猛吸。

说来奇怪，打这以后，小腿龙似乎适应了这种吃法。因为，它明白，填饱肚子比什么都重要。它的偏食、挑食的毛病也改掉了。

后来，天气好转，果子又多了起来。但小腿龙已经养成了好习惯——嫩叶和水果搭配着吃。

双脊龙

双脊龙生活在侏罗纪早期的北美洲以及中国云南省禄丰县，体形修长，长约 6 米，高约 2.4 米，重达 500 千克，是一种肉食性恐龙。双脊龙的名称意指"头上有两个脊的蜥蜴"——那是一对新月形的巨大骨冠。

头顶上长着一对新月形的巨大骨冠

头骨上的眶前窗比眼眶要大

下颌骨比较狭长

善于奔跑

双脊龙的前后肢在外形和大小上差异巨大，前肢十分短小，这说明它们是一种善于奔跑的恐龙。它们是侏罗纪早期最为凶猛的掠食者之一，一旦成为它的捕猎目标，几乎没有猎物能够侥幸逃脱。

双脊龙体形苗条，尾巴根部很粗很长，越到尾部越细

前肢短小，善于奔跑，在追到猎物后，会同时挥舞脚趾和手指上的利爪去抓紧食物

骨骼纤细

双脊龙虽然很重，但骨骼却是极为纤细的。它们头部的两块骨脊平行地竖生着。双脊龙的上下颌上都分布着锋利的牙齿，但上颌处的牙齿更长一些。双脊龙的后肢较长，其中很大一部分是齿骨。

与大型食肉恐龙相比，双脊龙的身体显得比较"苗条"，所以它行动敏捷

突出的头冠

双脊龙头顶的头冠圆而薄，非常脆弱，似乎不能成为打斗的有力武器。那么，头冠的作用是什么呢？据考证，这可能是双脊龙在求偶季节吸引异性的炫耀工具，就像孔雀有鲜艳的羽毛一样。

它的头冠是由两片极薄的骨头构成的，非常脆弱，因而从不用来做打斗的武器

急速掠食者

双脊龙行动迅捷，它们能够全力追逐植食性恐龙，甚至那些具有一定的防御能力的鸟脚类恐龙以及体形较大的大椎龙也是它们的猎食目标。进食时，它们会同时动用牙齿以及指掌上的利爪去吞咬和撕扯猎物。

双脊龙正在捕食，它是食肉动物

双脊龙的骨冠看起来非常艳丽、醒目

关于食腐肉的猜测

双脊龙的口中藏满了利齿，这样它们在面对一些大个子的植食性恐龙时也毫不畏惧。但有些科学家认为，它们的嘴型和牙齿似乎只能咀嚼一些腐烂的动物尸体，比如大型原始蜥脚类恐龙。

致盲毒液

双脊龙的颈部的皮肤具有收缩的功能，类似褶伞蜥，其中藏有致盲的毒液。当喷出的毒液射中猎物时，会使猎物失明且瘫痪。据科学家考证，双脊龙喷射的毒液毒性不亚于眼镜蛇的毒液。

双脊龙的嘴部前端特别狭窄，颈部比较短，皮肤具有收缩功能，类似褶伞蜥，能够喷射毒液

争斗的双脊龙，它的嘴巴看起来有点像鳄鱼的嘴巴，牙齿很锋利

如果给恐龙分类，可分为几类？

奇思妙想

我们常能在恐龙的介绍中看到蜥臀类和鸟臀类等字眼，还有鸟脚类、兽脚类等描述，这些到底是怎么回事呢？

恐龙源于爬行动物，但它们与爬行动物又存在着很大的区别，比如它们的站立姿势以及行走的方式。恐龙和其他的爬行动物能够得以区分，主要根据便是它的腰带（骨盆构造）与四肢的骨骼学特征。

一直以来，人们根据其髋骨（腰带）的构造，将恐龙分为两个大的族群——蜥臀类（像蜥蜴似的髋骨）与鸟臀类（像鸟类的髋骨）。

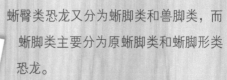

蜥臀类恐龙的腰带与现在的爬行动物十分类似，在其髋骨系统中，耻骨的方向朝前，坐骨则朝着身体的后方延伸。鸟臀类的恐龙则进化出更为复杂的腰带构造，它们的耻骨转向身躯的后方，与坐骨呈平行排列，这与现代鸟类十分相似。而鸟臀类的下颌骨中又发展出了前齿骨。

蜥臀类恐龙又分为蜥脚类和兽脚类，而蜥脚类主要分为原蜥脚类和蜥脚形类恐龙。

鸟臀类恐龙则可以细分为鸟脚类、角龙类、剑龙类、肿头龙类以及甲龙类。

即使蜥臀类恐龙和鸟臀类恐龙在组织构造上有诸多不同，但它们与其他的爬行动物相比，仍有着最近的亲缘关系。

双脊龙的秘密武器

一只小双脊龙落单了。

它本来是跟自己的哥哥们在一起准备觅食的。可是走到半路的时候，它竟走了神，犯起了困，便倒在路边睡了一觉。等它醒来时，它四下张望，不断地低鸣着，可是哪里还有哥哥们的影子呢？周围静极了，小双脊龙有些害怕了，但也只能壮着胆子独自踏上了寻觅食物和追寻哥哥们的路。

小双脊龙回忆着它们行进的路线，不断地推测着，脚下的步子一直没停。它边跑边四下瞧着——它可不想错过什么好吃的东西。正跑着，它发现前面出现了几只很小巧的恐龙。哈哈，晚餐有着落了！它欣喜不已。

然而，那几只"小家伙"可不是一般的猎物，它们也是残忍的捕猎者——它们是腔骨龙团队。腔骨龙家族向来都是集群作战捕猎的。腔骨龙团队自然也注意到了这只奔跑着的双脊龙。它们也暗自高兴呢！

双脊龙打量了一番，便加速奔跑，想要用力量的优势撞击那些小个子。可它实在低估了腔骨龙的凶残和勇气。

腔骨龙也摆好了阵势，就等机会一拥而上呢！

双脊龙出击了，只见它边跑边扬起锋利的指爪挥舞着，想要抓住那些小个子。但小个子实在灵巧又狡猾，它们总是能轻易地避开双脊龙的爪子和尾巴，然后又将它团团围住，四下攻击它。在腔骨龙团队一次又一次的围攻下，缺乏搏斗经验又饿着肚子的小双脊龙渐渐有些体力不支了，毕竟"双拳难敌四手"。

这时候，腔骨龙团队又逮住了一个机会，它们一跃而上，咬住了双脊龙。一只最大胆的竟然攀上了双脊龙的脊背，又咬住了双脊龙的下颌。只要腔骨龙一口下去，双脊龙就要没命了。

就在这生死关头，双脊龙的哥哥们出现了，它们也是回来找小双脊龙的。在生死攸关的时刻，一只反应快的双脊龙喊道："小家伙，快收紧脖子，喷毒液！"

经过这一提醒，小双脊龙才想起自己的秘密武器，它急忙照做。双脊龙的脖子一阵急速地收缩之后，只见一股黑色液体喷向了四周，那些腔骨龙竟然立即松口，还发出阵阵的哀鸣。原来，那毒液喷到腔骨龙的眼睛里了，它们什么都看不到了，自然丧失了攻击力。

这只小双脊龙终于脱离了险境。

冰脊龙

冰脊龙是在南极发现的唯一食肉性动物

冰脊龙，又名冻角龙，顾名思义，它是拥有冰冻顶冠的恐龙。冰脊龙是一种大型的二足恐龙，它在外形上最重要的特征就是头部长有一个像梳子一般的奇异冠状物。冰脊龙是最早的一批坚尾龙类恐龙，但后来的研究者认为，它与双脊龙有着更近的亲缘关系。

冠多是沿头颅骨纵向长出

南极恐龙

1991 年，冰脊龙化石出土于冰天雪地的南极洲，这是首具在南极洲发现的肉食性恐龙化石，也是最早被命名的南极洲恐龙。科学家认为，冰脊龙与双脊龙应为同一个科种。它们生活在侏罗纪早期，是最早的坚尾龙类恐龙。

当时的南极

1 亿 9000 万年前的南极洲距离赤道很近，气候属于温带气候，要比今天暖和得多，还有植被覆盖，森林遍布；南极内陆地区也会有较为严寒的天气，但距离海岸较近的地方，则气温更高，这说明冰脊龙具有一定的抵御严寒的能力。

行走的冰脊龙

冰脊龙生活时的南极还相对温暖湿润

冰脊龙是一种冷血、有冠食肉恐龙

冷血动物

冰脊龙是一种冷血动物，二足，体长约为 6 米，体重可达 460 千克。冰脊龙的头颅骨高而窄，它的角状头冠垂直于头颅骨，长在眼睛前方，并向上竖起。冰脊龙的头冠上生有皱褶，看上去很像一柄梳子。

艳丽的头冠

冰脊龙的头冠能显现出艳丽的色彩，也许头冠上还密布着血管或神经，这些血管一旦充血，头冠的色彩便会更加绚丽多姿。冰脊龙的头冠作用主要为求偶，很脆弱，不具有抗击打性。

角状冠长在眼睛前方的位置，外观像一柄梳子

色彩鲜艳的头冠

冰脊龙化石上的锋利牙齿

南极洲霸主

冰脊龙的上下颌内长满了锋利的大牙齿，且向后方弯曲，十分适合撕咬和咀嚼肉类，它们是当时南极大陆上极为凶猛的掠食者。诸如冰河龙在内的诸多恐龙，便是它们劫掠的对象。

如果南极是荒漠，冰脊龙会有绚丽头冠吗？

More

奇思妙想

冰脊龙生活在侏罗纪时期的南极地带，而那个时候，大陆的形状以及分布还没有演化成今天这个样子。这就是说，侏罗纪时期，南极地带与赤道的距离并不算远，而气候也没有如今这般寒冷。植被也非常茂盛。

冰脊龙便是生活在南极地带的唯一的兽脚类恐龙。冰脊龙的头顶长有一个薄薄的、梳子形状的头冠。因为外缘光滑，又十分轻薄，所以科学家认为，它是不能起到什么防御或是进攻作用的。它唯一的功能似乎就是求偶时用于展示。

从进化的角度考虑的话，这个头冠一定与环境有密切的关系。而冰脊龙的头冠颜色十分鲜艳，这说明它生存的环境中植被茂密，不然很难形成保护色；若是荒漠地带的话，周围环境是灰暗的，则冰脊龙不需要进化出颜色艳丽的头冠了。那样的话，它的头冠或许就跟周围的环境一样暗淡无光了。

冰脊龙的美味

当阳光透过云层、洒在侏罗纪时代的南极大陆上时，新的一天开始了。这是一片池沼纵横、植被茂密的大陆。各种生物，特别是恐龙的纵横驰骋，为这里增添了无尽的生机。

而此时，最为勤劳的冰脊龙早已醒来，开始为了一天的食物而奔波了。它长相凶狠——脑袋不大，但是满口獠牙；前肢很短，却生有利爪，后肢更为强壮有力，这一切都是它称霸南极大陆的资本。然而，它不仅勇猛，还有着狡猾的天性，仔细观察的话，你会发现它头上顶着一柄梳子一般的头冠，因为与周围树木的颜色相近，常常令其他动物忽略它的存在，而这种天然的隐蔽色也是它欺骗猎物的最好帮手。它常常躲藏在树木的后面，静静等待它的美味——冰河龙的出现。只要冰河龙稍不留神，就会忽略天敌的存在……

此刻，这只冰脊龙正在林中静静地巡逻着，一只忽然窜出来的冰河龙引起了它的注意。

冰河龙一边跑，一边还拼命地摇晃自己的长脖子——似乎要甩掉什么。冰脊龙急忙走到另一条小道上——跟冰河龙并行的路上，以便近距离看清情况。原来它被一群饥饿的大蚊子盯上了，大蚊子正围着它要吸它的血呢！

冰脊龙觉得这是个好机会，它要再跟着看看，伺机下手。

过了一会儿，那冰河龙被蚊子叮得受不了，便往沼泽区跑去，想要到那里滚一滚，沾上些泥巴，驱赶那些讨厌的蚊子。

可冰脊龙却见那只冰河龙似乎是被叮得头晕了，竟跑到一座独木桥上去了，"这可是千载难逢的好机会——那可怜的冰河龙没有退路了。"

想到这，冰脊龙立即快步追上去，它要趁冰河龙自顾不暇又没有退路的时候扑上去，给它来个措手不及。

只见它快跑几步追上冰河龙，突然一个起身，便跳了上去，后肢踩住冰河龙的背，前爪像钉子一般扎入冰河龙的腹部，血很快就流了出来，这下蚊子似乎有了新的目标——那汩汩流淌的鲜血。冰河龙被折磨得没法忍受，脚下一滑就跌入了泥沼中，痛苦地打着滚。冰脊龙也随之落入泥沼中。

滚了几下，冰脊龙身上也沾满了泥，那泥巴太臭了——蚊子都飞走了。这下，冰河龙自然就成了冰脊龙独享的美味了。

蜀 龙

蜀龙生活在侏罗纪中期，即1亿7000万年前的四川盆地一带。因四川古称"蜀"，因此，这种恐龙被命名为蜀龙。蜀龙是一种性格温和的植食性恐龙，当肉食性恐龙来袭时，它的防卫武器只是尾部的尾锤。

蜀龙身体笨重，行动缓慢

头中等大小

尾锤用于反击敌人

体形中等

在恐龙王国中，原蜥脚类蜀龙的体长算得上中等大小；蜀龙身长约10米，重约2500千克，头部适中，颈部很短，脊椎骨构造较为原始、简单；牙齿呈勺状，窄长；蜀龙用四足行走，但后肢较长。

蜀龙体长9~14米，体重有两头大象的重量

生存环境

蜀龙生活在侏罗纪中期的中国四川省，那里多为湿润且水草丰美的河谷地带，这是蜀龙得天独厚的牧场。因为蜀龙的牙齿形状不宜咀嚼硬物，食物也以低矮的多汁植物为主。

蜀龙产自四川，这里气候湿润，植物较多

椎骨遍身

蜀龙的全身遍布着各种类型且数量众多的椎骨，如12节颈椎骨，13节背椎骨，4节荐椎以及43节尾椎骨。蜀龙的某部分尾椎骨似人形，这与晚期出现的梁龙十分相像；尾巴末端进化出了防御性尾棒，可以击退侵袭者。

蜀龙以低矮树上的内枝内叶为食物

铲状牙齿

蜀龙的牙齿形似铲子，又高又细，非常结实有力，但还没有达到能撕咬肉类或是骨头的程度，因此只适合咀嚼一些植物的嫩叶。蜀龙的口腔中总计生有 4 颗前颌齿，17~19 颗颌齿以及 21 颗臼齿。

正在行走的蜀龙

群居生活

蜀龙属于植食性恐龙，它们体形笨重，行动迟缓，喜欢群居生活，这能有效地提高它们的集体防御能力，保护物种的生存和繁衍。蜀龙通常喜欢与鲸龙拉帮结伙地在河畔湖边等地觅食。

背部的神经棘很高耸

头颅骨短而纵深

后肢明显长于前肢，四足行走

蜀龙的骨骼化石。蜀龙身长约 10 米，相当于一个成年雌象的大小

蜀龙的群居生活

骨骼完整

1983 年，蜀龙被首次完整描述。目前，我国已发现 20 具蜀龙骨骼化石，其中包含几具珍贵的完整骨骼化石，这使得人们对蜀龙的骨骼构造更为清楚明晰。目前，我国四川省自贡市的自贡恐龙博物馆有较为丰富的蜀龙展品。

恐龙公墓是指在同一个地方发现大量恐龙骨骼化石并集中出土的现象。恐龙公墓是自然现象,墓中多数会埋有多种恐龙。恐龙公墓,往往是因恐龙生前遭遇了突然的灭绝性灾难之后被迅速掩埋所形成的。而这样的公墓中,常常会发现大量保存完好的恐龙骨骼化石。

我国于 20 世纪 70 年代在自贡市发现了一处规模极大的恐龙公墓。在这个恐龙公墓中,科学家发现了多种恐龙,还包括其他的动物。恐龙中以蜥脚类为主,也有鸟脚类、肉食龙以及一些剑龙。其他的动物则包括鱼类、龟鳖类、蛇颈龙、翼龙以及鳄类等。这些动物的化石有完整的,也有残缺不全、零零散散的。它们毫无秩序地交错堆积在一起,可称得上是"侏罗纪动物大观园"了。

据科学家考察,这些动物并不都是同时死亡的,甚至也不是在同一个地点死亡的。在很长一段时间内,有些动物的尸体因为水流的作用,如洪水暴发,会从别的地方被"冲击"到此地。慢慢地,此地便成了一个规模庞大的恐龙公墓。

关于恐龙公墓,科学们提出的假设非常多,但不管怎样,我们可以通过恐龙公墓了解到恐龙翔实的生存状态。

惧怕红色的蜀龙

在蜀龙家族中，流传着一个可怕的警告：千万要远离那些红色的东西，不能碰，更不能吃。

这个警告是怎么来的呢？这要从蜀龙的一个祖先说起。

蜀龙是一群生活在潮湿湖滨地带的恐龙，它们喜欢吃各种柔嫩多汁的植物，像树叶啊，藏在石头缝中的暗绿色的苔藓啊！蜀龙家族常常聚集到一起，共同觅食和休息。但有一只小蜀龙却十分"与众不同"：它老是想尝试一些新鲜事物，它觉得总是吃树叶和苔藓多没意思啊！

为了寻找新鲜的吃食，这只小蜀龙总是独自走到很远的地方，有时候是湖泊的中心，那里有鱼游过，不过鱼的味道太腥了，它不喜欢吃；有时候，它会走向密林深处，那里植被茂盛，肯定会有新发现的。

这一天，小蜀龙又像往常一般走入了树林中。它吃了一些树叶填饱了肚子，便开始寻觅起来。忽然，它在一棵粗壮的大树根下发现了一大片从来没见过的东西——红红的，摸上去湿乎乎的，很滑嫩，其实就是一丛颜色鲜艳的毒蘑菇。

但蜀龙哪里见过，它觉得这个东西好看极了，同时又好奇它的味道，它想尝尝又觉得有些舍不得。过了一会儿，它还是决心要尝一尝。只见它低下头，嘴巴张得大大的，轻轻一拔就将一大片蘑菇吸入了口中。它细细地咀嚼着，"这个红东西真是清凉爽口。"它边想着，边又吞了不少红蘑菇。终于吃饱了，它想带回去一部分给自己的同伴品尝，于是它叼着一个大红蘑菇往回走。

可是走着走着，它便觉得头昏沉沉的，四肢也开始无力起来，又过了一会，这只小蜀龙居然连路都走不稳了。它想加快步伐，回到同伴那里。可是一群中华盗龙又围了上来，它们看到蜀龙软弱无力的样子，便群起而攻之，竟将它活活咬死了。

后来，当同伴们发现这只蜀龙的时候，它已经死了，嘴边还残留着一些红色的蘑菇。它们便得出了一个结论："红色的东西是要命的，千万要远离。"

慢慢地，这也成了蜀龙家族的一个忌讳，一代一代地流传了下去。

迷惑龙

迷惑龙走路时会发出"轰隆隆"的巨大声响，所以又称雷龙。迷惑龙的体形庞大，身高可达20~30米，身长约为35米，体重近30000千克。迷惑龙是一种非常大型的恐龙，但它们性格温和，只喜欢吃草，过着群居的生活。

迷惑龙

迷惑龙身体的后半部比前半部要高，后肢和尾部可以直立起来

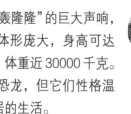

迷惑龙的四肢粗壮，就像四根大柱子，和现在的大象的腿很像

迷惑龙是一种大型植食性恐龙

远古"大块头"

迷惑龙是陆地上曾经存在的体形最大的生物之一，它们的臀部要比肩部高很多，当它们将身子直立起来的时候，可称得上是直插云霄了；它们喜欢成群结队地在原始森林或是平地上寻觅食物。

笨拙的颈部

迷惑龙长着长颈及鞭状尾巴。与身体相比，头部相当小

迷惑龙的颈部很长，昂起来可够到树顶，低下去可触及河床底部；然而据科学家推测，迷惑龙的颈部不能实现90°弯曲，因为这样的话，它的脑供血会被迫延缓；而一般情况下，全身血液要到达脑部的话，仅需两分钟左右。另外，迷惑龙的颈部脊骨构造也使它变得笨拙。

粗长的尾巴

迷惑龙的尾巴要比颈部更长，尾端很细，远远看去仿佛一条长达10米的鞭子。当迷惑龙成群结队地行走时，尾巴通常会悬在空中。迷惑龙的前肢指爪很大，而后肢只有前三个脚趾上进化出了趾爪。

身体后半部比肩部高

尾巴和脖子差不多长

外形肥厚的迷惑龙

低矮的头部

最初，科学家们曾推断迷惑龙的头部外形类似圆顶龙，但迷惑龙头颅骨化石的出土推翻了这一推测。从化石可见，迷惑龙的头部与马的头部相似，很长，又十分低矮；牙齿是锐利的钉状。至于它们的嘴唇，则被科学家想象为有着肥厚的外形。

迷惑龙骨骼化石

骨骼厚实

迷惑龙体形庞大，除了头部骨骼较细以外，其他的部分，如颈椎骨和四肢骨骼都很粗壮结实。这样的构造使它们的骨骼不易风化，更容易保存下来，成为化石。

吞食胃石

迷惑龙的体形巨大，但它们却是不折不扣的植食性恐龙。因为它的口腔内没有进化出能够碾磨植物纤维的臼齿，因此，它们需要吞食胃石以辅助消化。

颈椎骨和四肢骨骼都很粗壮结实

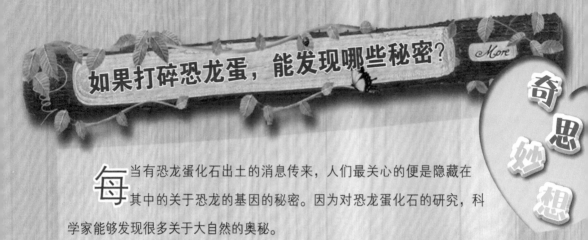

每当有恐龙蛋化石出土的消息传来，人们最关心的便是隐藏在其中的关于恐龙的基因的秘密。因为对恐龙蛋化石的研究，科学家能够发现很多关于大自然的奥秘。

第一，恐龙蛋化石中记录着关于远古时代地貌、气候、生态学等相关信息，有利于我们了解史前动物的繁殖行为。第二，恐龙蛋化石中揭示了恐龙与环境之间、恐龙与其他恐龙或是整个族群之间的特殊关系。第三，恐龙蛋中还隐藏着关于恐龙的起源、演化以及灭绝的种种奥秘，同时，它对人类社会的产生和发展也有所暗示。

曾有人切开过一枚恐龙蛋化石，但它的内部早已空空如也，显然，其中的小恐龙早已成功孵化了。虽然我们所获得的恐龙蛋化石多数都是空壳，但也有残留的未能成功孵化的恐龙蛋化石。加拿大研究者曾通过 CT 扫描和三维图像分析技术，探明恐龙蛋化石中确实携带了关于恐龙的诸多秘密。

关于恐龙的遗传物质——DNA 信息的研究，主要凭据还是骨骼，这有待于科学家们进一步研究。近年来，有科学家宣布，他们已破译了恐龙的基因片段，这也曾引起了科学界的极大热情。

虚惊一场

森林里最近发生了一件怪事：每天都有一阵巨大的轰鸣声从远处传来，轰隆隆的声音好像打雷一般，可是天气明明很好啊，连一点儿乌云都没有。

大伙都感到奇怪极了，可谁也不知道这声音到底是从哪儿传来的。而且这声音似乎越来越近了，轰隆声让胆小的恐龙们感到害怕，它们聚集到一块，商量着该怎么办："莫不是有肉食恐龙来了？可它们的速度一向很快，性格又残忍，根本不可能等了这么多天都不出现啊？"其中一只恐龙说道。

"你说得对，肉食恐龙都是急性子，它们要来早来了。可这世界上，除了恐龙，就没有更可怕的动物了。莫非它们是一种我们从来没见过的恐龙吗？要是它们真的来了，我们该怎么办啊？"大伙似乎被这未知的声音吓住了，始终也想不出个办法，甚至有的恐龙提议，"不如，我们趁那怪物还没来的时候，赶紧跑吧，到更远的地方躲一躲。""可这是我们的家啊，我们能躲到哪里去，别的地方还有肉食恐龙在等着吃我们呢！不如，就等等看，等那些怪物来了再说。到时候我们就会有办法的。"这无谓的争论终于在一只年老恐龙的总结发言后结束了。

大伙怀着既好奇又恐惧的心情等待着那怪物的降临。

果然，一天过后，那轰隆隆的声音又响起来了，并且声音越来越大，越来越近。一只眼尖的恐龙对大伙喊道："快看，我的天啊，那是什么东西？它们的个子怎么这么高？脖子比树还要高，根本看不到脑袋。真是一群怪物！"大伙都从林子里钻出来看，它们感觉好奇，又感到害怕，便默默地观察着。

那群家伙成群结队地走着，速度很慢。它们走了一会儿，看到几棵大树，竟然停了下来，似乎是在吃树尖上的叶子。"哇！看来它们和我们一样啊，也是吃树叶的。"这下大伙可松了一口气！

一只胆大的恐龙快步走过去，仰着头问它们："你们是谁呀？你们从哪来？"大个子中的一个低着头对它说："我们是迷惑龙，从远处过来的，那边闹了饥荒，来这里找点叶子吃。""原来你们不吃肉的！那轰隆隆的声音是怎么回事呢？""那是因为我们长得太大了，脚步又沉重，所以走到哪都是地动山摇的。"

胆子大的恐龙明白了，它向同伴们解释了一切。从此以后，它们和迷惑龙成了好邻居，大伙也不再害怕并且习惯了那种"轰隆隆"的声音。

马门溪龙

马门溪龙化石的出土地在中国四川省宜宾市马鸣溪渡口附近，最初被命名为马鸣溪龙，但因为工作人员的口音问题，被误传为马门溪龙。马门溪龙体形硕大，是中国发现的最大的蜥脚类恐龙之一，同时也是地球上有史以来脖子最长的动物。

1952 年，人们在马鸣溪修筑公路时发现了这些恐龙的化石

外形硕大

马门溪龙属蜥脚类植食性恐龙，体长约 22 米，高可达 14 米，体重可达 20~30 吨。在外形上，马门溪龙最大的特点便是近乎体长一半的长脖子。马门溪龙的每一节颈椎都很长，数量达 19 个，这也是蜥脚类恐龙中颈椎数量最多的一种。相比而言，马门溪龙的背椎、荐椎以及尾椎的数量则相对较少。

马门溪龙的脖子很长，是由长长的、相互叠压在一起的颈椎支撑着的，比较僵硬

马门溪龙用四足行走，身后拖着又细又长的尾巴

正在行走的马门溪龙

僵硬的脖子

马门溪龙的脖子是由长长的、相互交错叠压的颈椎联结起来的，因此，它的脖子十分僵硬，转动起来也十分缓慢。但马门溪龙的脖子上却覆盖着十分强韧有力的肌肉，支撑着它们的小脑袋。马门溪龙的脊椎骨中有很多空洞，这大大减轻了它们的重量。

在蜥脚类恐龙的进化史中，马门溪龙是处于中间的过渡类型，此后，蜥脚类恐龙进入全盛时期。到侏罗纪晚期，整个蜥脚类恐龙才灭绝。

马门溪龙

长脖子的优势让它们可以吃到别的食草恐龙无法吃到的灌木

成群的马门溪龙

凶猛的天敌

在马门溪龙活跃的年代，中国四川地区还活跃着一种凶猛的肉食性恐龙——永川龙。永川龙的体长仅有10米，高4米；永川龙口中长满了锋利的牙齿，奔跑速度很快，经常出没于林间，以捕食马门溪龙为生。

马门溪龙颈部的长度是任何国家的恐龙都难以比拟的

永川龙正在捕杀马门溪龙

骨科病痛

在马门溪龙的身上，科学家发现了一个奇怪的现象：在它的颈椎、脊椎和尾椎等多处椎骨上生有瘤状物和结核。这些多余的增生物质附着在骨骼上，表明它生前曾患有骨科疾病。

马门溪龙的头骨化石

小巧的头部让马门溪龙能方便地将头探进树丛，吃到其他恐龙较少吃到的植物

在1亿4500万年前的侏罗纪时期，中国四川地区植被丰茂，密布着红木和红杉树。这是马门溪龙觅食的宝地，它们成群结队地在林间游荡，一旦发现鲜嫩的树叶，便仰起长长的脖颈，用小钉状的牙齿啃食美味

如果复原恐龙，皮肤会是什么样的？

奇思妙想

恐龙与爬行动物存在亲缘关系，因此，科学家在推测恐龙皮肤的外观时，首先要参照的就是现存的爬行动物。而蛇、蜥蜴、鳄鱼等动物的皮肤外层都有角质层，有的是鳞片状，也有角质板。这些构造能够保持体内水分含量，而不被外在的干燥环境所干扰。

那么，恐龙的皮肤是否也具备类似的构造和外观呢？

要想得到答案，最好的途径就是寻找恐龙的皮肤化石和皮肤的印模化石。通过观察，科学家得知，蜥脚类恐龙的皮肤表面上长有一层平坦光滑的角质小鳞片，与现在的蛇和蜥蜴的外表十分相像。但有些恐龙的身体表面则镶嵌着甲板，如巨龙。

肉食性恐龙性格残暴，皮肤也十分粗糙，颈部还有大片的鳞片厚皮，形成褶皱；它们的皮肤上成排地镶嵌着大型的角质鳞片。甲龙的皮肤表面包裹着一层甲板，有些部位还生有骨刺和骨钉；而角龙类的恐龙皮肤则有瘤状突起，如同缀连在一起的颗颗纽扣。"纽扣"与"纽扣"之间，还夹杂着小型鳞片。

我国曾在四川省自贡市发现了一具剑龙皮肤化石。化石显示，剑龙的皮肤由无数的六角形角质鳞片构成，以网状或是镶嵌状形式排列起来。另外，作为植食性恐龙，剑龙的皮肤很厚，是抵御肉食恐龙进攻的天然屏障。

还是好朋友

在马门溪龙家族中，关系最要好的就是畅畅和端端了。它们经常在一起玩，一起觅食，累了就一起休息。它们年龄差不多大，身材也差不多，唯一的区别就是畅畅的脖子要比端端长一些。

最近总有一些成年的恐龙跟端端开玩笑："端端，你总和畅畅一起玩，怎么不见你的脖子长长呢？是不是你总偷懒，让畅畅帮你够高处的树叶啊？"端端听了，急忙辩解道："才没有呢！我每次都是自己找吃的。""那你的脖子怎么长不长呢？"这下端端感到害羞极了，红着脸，不知道说什么。

长辈们总是这样开玩笑，端端竟然有些介意了。它觉得大伙肯定更喜欢畅畅而不喜欢它了。渐渐地，它开始和畅畅暗中比较起来。

当它和畅畅一同觅食时，它总会大喊："快看，那里有鲜嫩的树叶！是我先发现的。"每到这个时候，畅畅总是憨厚地笑着，然后再跟在端端身后去品尝美味。

时间一长，端端觉得畅畅只是脖子长一些，也没什么了不起的。"每次都是我先发现好吃的，它离开我肯定会饿肚子的！"这么一想，端端竟然有些高兴，它想偷偷地跟在畅畅后面，看它找不到美味的笨样子，然后再出来笑话它一下。

端端故意让畅畅走在前面，自己则躲在树后看着它"出丑"。

可没过一会儿，端端就听到一声急切的嘶吼，它急忙跳出来，原来是一只凶猛的永川龙挡住了畅畅的去路。

端端害怕极了，它知道永川龙是自己的天敌。看到它那满口的獠牙，端端就浑身发抖，它想趁永川龙没发现自己，赶忙逃命，可是畅畅怎么办啊？它一定会被永川龙咬掉脑袋的！

端端犹豫的时候，永川龙已经发动进攻了，它一下子跳起来，张开血盆大口想要撕咬畅畅的脖子，辛亏畅畅躲避及时，才躲开了致命的袭击。但背上却被永川龙的大爪子划出了一道伤口。

看到畅畅受伤了，端端感到心疼，它不顾一切地冲了上去，拼命撞击永川龙，永川龙看到又来了一个对手，似乎自己并不占什么优势，便转身逃走了。

畅畅感激地看着端端，不知道说些什么。端端笑着说道："我们可是好朋友呢！快去洗洗伤口吧！"

腕 龙

腕龙的名称来源于它较长的前肢，意为"有武装的蜥蜴"。它是侏罗纪时期体形最为庞大的恐龙之一，也是知名度最高的恐龙之一，属蜥脚类恐龙。虽然体形巨大，但腕龙却是一个天生的植食者。

腕龙是曾经生活在陆地上的最大的动物之一，也是最闻名的恐龙之一

脑袋比较小

脖子很长，形似长颈鹿

腕龙是地球上最大的恐龙之一

腕龙的前肢比后肢更长，体形庞大

尾巴短粗

形似长颈鹿

腕龙体长 25 米，高 15 米，重 30 吨；腕龙是四足恐龙，走路时四脚着地，尾巴粗短，脑袋很小，脖子很长，抬起来能够到很高的树叶，外形很像今天的长颈鹿。不过从它很小的脑袋判断，腕龙的智商并不高。

腕龙的身体过于沉重，虽然有粗壮的四肢支撑，但它们依然不灵活，所以，它们喜欢在水边行动。在水的浮力作用下，可减轻四肢的压力，同时也能避开捕猎者的视线

怪异的头颅骨

腕龙的头很小，且形状怪异。头部后方的鼻孔被一根高而弯曲的骨柱隔开。口部长而低矮，颌部骨骼构造结实坚固，牙齿很大，形似竹片状。腕龙的脑室极小，脑容量亦很小，因此，腕龙的身体协调性会受到影响。腕龙在腰部进化出更为发达的中枢神经系统，以便执行大脑的协调指令，这也就是科学家们所说的"第二大脑"和"恐龙有两个脑袋"的含义。

头骨与圆顶龙有些相似，但鼻梁朝前高高拱起，比较特别

腕龙用四肢行走，身体庞大，它有一个巨大、强健的心脏，不断将血液从颈部输入它的小脑袋

食量巨大

腕龙以植物的枝叶为食。而侏罗纪时期，
地球气候温暖，适宜植物生长，这为恐龙提供了不
尽的食物来源。但腕龙的身体终生都在不停地生长发育，只要
不停进食，它们就能不停地生长。为了维持庞大的身体器官，腕龙
必须不停地移动，不停地进食。腕龙每日大约能吃1500千克的食物。

腕龙要吃大量食物，它的食量是今天庞然大物的10倍

腕龙成群迁徙

群体行动

腕龙性格温和，喜欢成群
结队地行动。它们常常结伴觅食。
在行走的过程中，有些腕龙母亲
便会下蛋。这些恐龙蛋既没有窝，
也没有父母照顾，只能独自长大。

刚孵化出的腕龙幼崽

腕龙的骨骼化石

明星恐龙

腕龙是知名恐龙，在电影或电视节目中出镜率很高，如最著名
的《侏罗纪公园》以及《与恐龙共舞》《与巨兽共舞》中都有腕龙
的身影。腕龙的名字还曾被天文学家拿来给一颗小行星命名。

如果让恐龙减肥的话，会发生什么？

对于动物而言，维持体内温度的稳定具有积极的意义。只有体温保持适度且恒定时，动物的呼吸、消化等体内活动才能顺畅。如果体温下降，这些体内的循环过程会不断减弱，甚至停顿。比如，脊椎动物中的鸟和哺乳动物都是恒温动物，它们凭借自身的循环系统，不断提高新陈代谢水平，维持着恒定的体温，保障各项生理功能顺利进行。所以，为了生存，任何动物都要想办法保持体温的恒定。

对于恐龙来说，虽然周围的环境比较温暖且恒定，但也存在昼夜温差。因此，恐龙要想生存，也得保持体温的稳定。而不断增加体重则是它们维持稳定体温的秘诀。

体形的增大，可以延长体温增长和降低的时间。据推算，一只45吨重的恐龙在气温为15~20℃时，要想增加或降低1℃体温，就得花去3天多的时间。因此，越大型的恐龙，其体温越不容易受外界的影响，越容易保持恒定体温。这有利于恐龙生理活动的正常进行，所以，只有不断增重，才能更好地存活。另外，体形越庞大，对敌人的震慑力越大，所以，恐龙需要保持庞大的身躯，而不能盲目地"减肥"。

腕龙的成长

夏日午后的天空碧蓝碧蓝的，太阳火辣辣地炙烤着大地。一队腕龙正缓缓地从远处走来，它们的目标是不远处那片高大的树林。可在它们行走的过程中，总能听到"啪哒""啪哒"的声音；当它们走过，身后竟出现了一颗颗的恐龙蛋——原来是队伍中的母恐龙下蛋了。可是，没有一只恐龙停下来去看看它的新生儿，它们就像什么都没发生似的，继续昂着头向前方的树林走去。

很快，一只"急性子"的小腕龙便挤破了蛋壳，钻了出来。小腕龙环顾四周，静悄悄的，远处仿佛有一队"大个子"像影子一样晃动着……

蛋壳里太热了，小腕龙只好颤巍巍地站起来，向着那群"影子"的方向走去。当它蹒跚着走到森林边上时，看到一大一小两只恐龙正在咀嚼树叶。那个大个子的恐龙正给小个子的恐龙喂食呢！而那小恐龙则一口一个"妈妈"地叫个不停。原来这是一对迷惑龙母子。小腕龙很惊讶，也大声地呼唤母迷惑龙为"妈妈"！可那只母迷惑龙听了，却笑着告诉它："我不是你的妈妈，你的妈妈在前面呢！你应该去树林深处找它们。"

小腕龙失望极了，它想赶快去找自己的妈妈，可肚子里的"咕噜"声响个不停，它得先填饱肚子。它看到嫩叶，便一口吞下去，连嚼也不嚼一下。这副吃相可把迷惑龙母子吓了一跳。

小腕龙吃饱了便迈开大步去追赶自己的父母。很快，它看到了那群大个子。它急忙高声叫道："妈妈！妈妈等我！"可那些大个子就像没听见似的，继续往前走。遇到一片淡水湖的时候，它们还停下来，"咕噜噜"地喝了好多水，然后便蹚水走了。小腕龙更着急了，可它真的不敢下水。然而，妈妈一定会越走越远的。"管不了那么多了，我要蹚水过去，我要和妈妈在一起！"小腕龙一边给自己鼓劲，一边把腿伸向了水里。原来湖水还没淹没自己的肚子！湖水温温的，似乎也没有那么可怕。想着这些，小腕龙竟然慢慢地走向了湖对岸。它高兴极了！可是当它抬头远望时，哪里还有妈妈的影子啊！它大声呼唤着"妈妈"，可回应它的只有寂静……

在寻找妈妈的日子里，小腕龙学会了好多本领，个子也越来越高。直到有一天，它身边聚集了不少像它一样寻找妈妈的"流浪儿"，它们也变成了一群大个子的队伍。它也渐渐明白，原来对于腕龙来说，成长终归是自己的事情……

角鼻龙

角鼻龙，顾名思义，就是鼻子上长角的恐龙。除了鼻子，角鼻龙的双眼上部也长着类似短角的小突起。此外，就连它的头部也生有小锯齿状的棘突。角鼻龙是一种体形大、性格凶猛的肉食性恐龙。

角鼻龙

外形特征

角鼻龙身长约 6 米，高近 4 米，体重可达 700~1000 千克。除了鼻子上的角，角鼻龙在外形上与其他大型恐龙没什么区别：头大，嘴大，腰粗，尾巴很长，属二足恐龙，前肢短小精悍。角鼻龙有着强韧有力的上下颌，口中密布着弯曲又锋利的牙齿，像钩子一样。

背部中间有一列
小型的皮内成骨

鼻子上方生有一只短角

头部生有小锯齿状棘突

身披鳞甲

角鼻龙的背部中线上有一排小型鳞甲，这是由皮内成骨突起形成的。另外，角鼻龙的身后还拖着一条长尾巴——几乎可达身长的一半。虽然尾巴又窄又长，但却十分灵活。

前肢短而强壮，前肢有四指

嘴里布满尖利而弯曲的牙齿

角鼻龙的骨骼化石

大型颅骨

从身体构造比例来看，角鼻龙的颅骨是非常大的。前上颌骨上生有 3 颗牙齿，上颌骨上生有 12~15 颗牙齿。角鼻龙鼻子上方的角是鼻骨隆起而成的。幼年角鼻龙的角分为两半，直到成年才会愈合成为一块完整的骨头。而角鼻龙眼睛上方的骨质棘突则是由泪骨形成的。

角鼻龙是凶残的食肉恐龙

喜燥的"旱鸭子"

　　角鼻龙生活的地方水域纵横，可以说，它们要常常与水打交道。但是角鼻龙是否属于那种会游泳的恐龙呢？事实上，确实有一部分恐龙在躲避天敌时可以暂时下水。但它们并没有掌握真正的游泳技术。但据科学家推测，大部分肉食恐龙不喜欢下水，它们会选择干燥的地方休息，而角鼻龙正是其中之一。

角鼻的作用

　　19 世纪时，曾有科学家提出角鼻龙的角鼻是它赖以防身和进攻的武器。然而进入 20 世纪，有科学家则提出了新的观点，角鼻应是物种内炫耀的工具，如求偶时，角鼻会发挥很大的作用。

角鼻龙头部图

荧屏"常客"

　　角鼻龙同样是荧幕上的"常客"。早在 1914 年，角鼻龙的形象就已经被搬上了荧幕。随后角鼻龙又成为迪士尼动画电影《幻想曲》中的演员。在随后的几十年中，角鼻龙经常出现在各类恐龙题材的电影中，经常被设定为凶猛的打斗者形象，在经典电影《侏罗纪公园 3》中也有精彩演出。

在《侏罗纪公园 3》中，一只角鼻龙出现在岸边

古生物学家关于恐龙肤色的假想，不过是依据现生爬行动物和生物适应性的理论来推测的。因为现生的爬行动物多数颜色单一，所以，很多人都倾向于认为恐龙的皮肤颜色应该也是单调的，比如暗绿色、棕色或是灰褐色等。但有些爬行动物比如毒蜥，就有着艳丽的颜色，由此推测，恐龙中的某些种类或许也有着瑰丽的色泽。

基于鸟类与恐龙的亲缘关系的推测，有人认为恐龙的皮肤颜色或许跟鸟类一样，是五彩缤纷的。而最有可能身披绚烂色彩的恐龙便是那些小型的有毒恐龙，这可以成为它们的天然警戒色，以提醒它们的天敌不要随意进犯。因此，不同的花纹和色彩便有了区分恐龙种群特征的意义。

还有科学家大胆地推测，恐龙或许与现在的变色龙有某些共性，比如具有保护色。当环境改变时，它们便会相应地改变皮肤的颜色，以隐藏自己。当繁殖季节来到时，它们绚丽的肤色又会帮助它们找到配偶；甚至不同的肤色还能影响到它们对光热的吸收，以实现调节体温，保持恒定的体温。

角鼻龙的跟踪计划

角鼻龙和剑龙曾生活在同一片林子中，不过它们可是不共戴天的仇敌——角鼻龙爱吃剑龙，但又有点惧怕它们尾巴上巨大的骨刺——说实话，要是没有那些"流星锤"，剑龙早就被吃光了。而剑龙呢？因为没有尖牙利爪，它们只能靠尾巴上的骨刺来保护自己，因此，就算自己的体重是角鼻龙的4倍，但角鼻龙奔跑速度快，牙齿也极为锋利，所以，剑龙也得躲着点角鼻龙。

但角鼻龙也有自己的办法捕食剑龙。它们遇到剑龙时，通常会悄悄地跟踪一会儿，若是剑龙去小河边饮水的话，它们就会突然发动袭击。

因为天气干旱，林子里的很多河流都渐渐干涸了，露出了好大一片河床。河床表面的泥土被太阳烤干了，变得又干又脆，但下面还是一潭烂泥，若是腿脚陷下去，是很难拔出来的。

这天，一只角鼻龙发现了两只剑龙正在缓慢地行走着，这是一对母女，看它们行走的方向，似乎是要去前面的小河里喝水呢。角鼻龙小眼珠"咕噜噜"地转了几下，便有了主意。它把脚步放慢又放轻，在后面悄悄地跟着。过了一会儿，这对庞大的剑龙果然踩到了河床上。它们慢慢地走着，一点点地试探，但当它们就要走到河心时，不幸发生了。剑龙母女双双陷入了烂泥中。它们的体重实在太重了，越是挣扎，腿脚陷入得就越深。

无底洞似的烂泥是不透气的，很快裹住了剑龙母女的四肢，它们开始嚎叫起来，但嚎叫声似乎也越来越弱，连呼吸都变得困难了。

时机到了！角鼻龙准备出手了。因为它知道，就算剑龙的尾巴上的骨刺还露在外面，但它已经使不出力气来挥动它了。这对可怜的母女唯一能做的就是在痛苦中等待死亡的降临。

角鼻龙向那片河床狂奔过去，但因为它的体重较轻，脚趾又向着不同的方向伸展开，这有效地分散了体重的压力，所以它们不会陷入泥潭中。当它来到剑龙母女身旁时，剑龙连头都抬不起来了。

而角鼻龙呢，则不费吹灰之力得到了美味。此刻，它张大了嘴巴对准小剑龙肚子上最嫩的部位咬了上去……

嗜鸟龙

嗜鸟龙是一种小型兽脚亚目恐龙，意为"盗鸟的贼"，然而科学家尚未发现相关的证据。嗜鸟龙生活在侏罗纪时代的北美大陆上，外形小巧，体长不足 2 米，臀高仅有 0.4 米，体重约 12.5 千克，喜欢猎食蜥蜴或是青蛙等小动物。

正在寻找食物的嗜鸟龙

下颌骨较厚

尾巴悬在空中，主要起平衡作用

外形特点

嗜鸟龙体形娇小，颈部呈 S 形弯曲状。嗜鸟龙的上下颌上长有尖利的牙齿，这是它撕咬猎物的有力工具。嗜鸟龙的前后肢都很长：前肢用于抓握；后肢有力，善于奔跑。嗜鸟龙最突出的特征是身后拖着一条长长的尾巴，其长度可达身长的一半，这也是它快速奔跑时的"平衡器"。

手指内弯

嗜鸟龙有着细长又娇健的前肢，前肢共有三指，除了短而锋利的拇指外，还有两根带爪的稍长一些的指头；此外，它的第三根手指是向内弯曲的，这种构造有利于它抓紧猎物。

小型头骨

嗜鸟龙的头骨精致小巧，头顶有一个小型的头盖骨；嗜鸟龙眼眶后部骨骼构造类似某些肉食性恐龙。其口鼻部生有骨质突起；下颌骨骨质厚重坚固。颌部生有两种牙齿，前部牙齿为圆锥状，而后部则更小且弯曲，锋利且呈宽扁状。

嗜鸟龙捕食

灵巧的"小不点"

　　嗜鸟龙虽然体形娇小，但却是一种捕猎本领高强的肉食恐龙。凡是它周围生活着的小型动物，如哺乳动物、蜥蜴，甚至是正在孵化的恐龙蛋都可能成为它的捕猎对象。但有科学家推测，嗜鸟龙在面对一些大型恐龙时也毫不胆怯，敢于抱团围攻。

被误会的名字

　　嗜鸟龙的名字给人一种专吃鸟类的感觉，但这真的可能是一个误会。因为科学家们至今没有找到嗜鸟龙曾经捕猎过鸟类的证据，连这个名字的来源如今也成了谜。

头部小

嗜鸟龙的前肢较长，而且非常健壮，主要用于抓捕猎物

嗜鸟龙的骨骼化石

反应机敏

　　嗜鸟龙有着惊人的捕猎能力，这得益于它机敏的反应力和飞奔时的速度。只要是被它盯上的猎物，无论藏身何处，总能被它轻易捕捉到。而这种反应力也是它在逃脱大型恐龙的追逐时得天独厚的优势。

如果气温升高，恐龙体温会升高吗？

对于自然界中的很多动物来说，它们具有一种能随外界温度改变自身体温的特性，这就是所谓的变温动物。变温动物包括全部的现生爬行动物种类，如蛇、乌龟等，也就是人们常说的冷血动物。它们要想改变体温，只能通过寻找阴凉或是暖和的地方实现降低或提高自己体温的目的。但哺乳动物和鸟类则属于恒温动物，它们有一套成熟的生理功能以调节体温。那么，作为与鸟类有亲缘关系的恐龙来说，它们是如何调节体温的呢？或者说，它们是否属于冷血动物呢？有科学家给出的答案是，恐龙属于温血动物，它们的体温基本保持恒定。理由如下：

首先，鸟类是恐龙的后裔，它们属于温血动物；而从恐龙四肢直立且行动灵敏的角度来看，它们善于奔跑，那么就需要有强劲的体能来维持新陈代谢，这样的话，恐龙与行动相对迟缓的爬行动物有完全不同的生理需求，所以，它们应是温血动物。

其次，根据对恐龙骨骼的显微构造的观测，科学家发现，它们与现生的哺乳动物极其相似，骨骼上微血管密度同样大，且造骨细胞密集，故而恐龙应该是温血动物。

第三，从恐龙的地理分布角度说，恐龙生活的环境要比现在的位置更靠北，已进入北极圈的范围。而要想在长期低温的北极生存下去，就得进化出完善的调节体温的功能。因为冷血动物是无法在这种环境中存活的。

这种观点是一种大胆的假设，一度引起了科学界的大讨论，但给我们提供了一些新思路，相信在不久的将来，我们会了解到更多的信息。

可怕的嗜鸟龙一家

嗜鸟龙一家的名声越来越差了。只要它们一家出动了，林子里的蜥蜴、青蛙可就遭殃了。它们体形小，走路又轻又快，每当它们看到蜥蜴在树上爬，它们就会慢下脚步，蹑手蹑脚地跟着，一旦瞅准机会，就会猛地扑上去。就算是最灵活、最光滑的蜥蜴，一旦被它们铁钩一样的手掌抓住，也别想逃脱。大伙都恨透它们了，可是又没办法。它们一家子性格霸道凶残，看谁不顺眼，就要吃掉谁。大伙只能忍气吞声。

后来，林子里搬来了剑龙一家。剑龙的体形可比嗜鸟龙大多了，背上长着奇怪的板子，尾巴上有尖刺，这样子可是够吓人的了。看它们每天在林子里走来走去的，蜥蜴家族忽然有了办法，它们觉得剑龙那么庞大，肯定能收拾得了嗜鸟龙一家。于是它们想了一个"借刀杀人"的办法——它们决心偷走剑龙的蛋，然后放在嗜鸟龙家门前，等剑龙去找的时候，不就可以替它们报仇了吗？

蜥蜴家族在树上蹲了好久，终于发现剑龙生蛋了。等剑龙出去觅食的工夫，几只蜥蜴便推着剑龙蛋来到了嗜鸟龙家门口，蛋放好了，它们急忙藏到附近一棵树的枝叶间。它们等着看好戏呢！

过了一会儿，嗜鸟龙一家走出来了，它们看到那巨大的恐龙蛋，兴奋极了，立即撬开蛋壳，将蛋液吸食一空。过了一会儿，丢了蛋的剑龙来找了，它闻着味道就走到了嗜鸟龙家门前。

计谋就要得逞了。可奇怪的是，那小不点的嗜鸟龙一点不害怕，它们全家出动，立即摆好了战斗的姿势。不等剑龙说话，嗜鸟龙一家竟然齐齐地冲了上去，它们从四面八方对剑龙发动攻击。可剑龙只是挥动着尾巴，想要赶走它们。然而，嗜鸟龙一家太灵活了，剑龙根本占不到一点便宜。过了一会儿，嗜鸟龙越打越猛，剑龙反倒有些害怕了，只得寻个空当儿的机会逃走了。

蜥蜴们暗中得意，以为……

看到剑龙逃跑了，那几只蜥蜴吓得不敢发出一点声音，也急急地逃命去了。

梁 龙

梁龙

梁龙生活在侏罗纪时代的北美洲西部地区。梁龙的外形极具特点，体长达 30 米，重约 10 吨。脖子很长，脑袋却很小，并且鼻孔的位置比眼睛还高。梁龙是植食性恐龙，但因为体形巨大，足以震慑同时代的异特龙及角鼻龙等猎食者。

最长的恐龙

梁龙身体巨长，这与它超长的颈部和尾巴密不可分，梁龙的脖子长达 7.5 米，尾巴的长度可达 14 米。梁龙的躯干很短，并且很瘦，所以，相对来说，梁龙的体重并不算重——连迷惑龙和腕龙都比它重很多。

头部较小

长长的脖子，方便梁龙吃到树顶的叶子

颈部强壮、轻巧、柔软又可弯曲，便于头部伸进树丛中取食

小头恐龙

梁龙体形庞大，但头部却小得出奇；它的牙齿不多，全部都长在嘴的前部，而且又细又小，颌部的其他位置则是空的，这注定了它只能以植物的小嫩叶为主食。梁龙的鼻孔很高，长在头顶上。

四肢强壮

梁龙的四肢强壮有力，如同四条柱子一般撑住身体。梁龙的后肢较长，所以，它的臀部略高于肩部，侧面看上去前低后高。梁龙前肢内侧的脚趾上生有巨大而弯曲的爪，这是它御敌的有力武器。

后肢上可能生有脚掌垫，这可以很好地缓解腿部的承重压力

梁龙生活于侏罗纪末期的北美洲西部，是行动迟缓的植食性恐龙

超长的尾巴

梁龙的身体很长，全靠一连串的脊椎骨联结而成。脖子由 15 块脊椎骨组成，胸部和背部由 10 块脊椎骨组成，而最长的尾巴则由近 70 块的脊椎骨连接在一起。这么长的尾巴既是梁龙鞭打敌人的武器，也能够帮助躯体站立起来，分担一部分重量。

由于背部骨骼较轻，使得它的体重不大，只有十几吨重

双梁构造

梁龙的尾部中段上生有一种特殊的骨骼构造，即"双梁"，这是指每节尾椎都有两根人字骨延伸构造。当梁龙的尾巴下压到地面以帮助身体撑起时，"双梁"便起到了保护尾部血管的作用。

尾巴较长，如果有敌人来袭，它会用自己的尾巴鞭打敌人，保护自己

特殊的交流方式

梁龙种族内部有一种特殊的交流方式——声音。声音非常特别，传播和感受的方式也与众不同——因为这种声音是靠触觉来感知的。当声音通过地面传播出去，其他的梁龙便会通过脚底的振动来接收和破译信息，而这种"声音"竟也能传播到很远的地方。

交流中的梁龙

<big>恐</big>龙是一种体形巨大的动物，但相对于它们的体形来说，它们的蛋却十分小。然而因为爬行动物一生都在成长，所以即使恐龙蛋很小，它们孵化出的恐龙也能长出"大个子"。

从进化等角度来说，恐龙是不能生出超大型的蛋的。这是因为：第一，恐龙蛋的形体越大，那么其内部的蛋清和蛋黄的重量也会越大，蛋壳就会因承受不了而破碎掉；第二，如果蛋壳也相应变厚的话，那么新生的小恐龙是没有力气挤破蛋壳的；第三，恐龙蛋越大，目标也变大，那么，它面临的被偷食的风险也越大；第四，恐龙蛋的形体变大，那么一次孕育出的恐龙蛋数量就自然会减少，但存活比例是确定的，所以，它们要增加蛋的数量以增加恐龙家族的存活率。

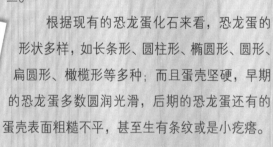

因此，恐龙的蛋一般不会太大。当然，较大的恐龙生的蛋相对大一些。

根据现有的恐龙蛋化石来看，恐龙蛋的形状多样，如长条形、圆柱形、椭圆形、圆形、扁圆形、橄榄形等多种；而且蛋壳坚硬，早期的恐龙蛋多数圆润光滑，后期的恐龙蛋还有的蛋壳表面粗糙不平，甚至生有条纹或是小疙瘩。

梁龙的暗号

最近，异特龙一伙可真是倒霉透顶了。

几天前，异特龙一伙得到消息，一个梁龙家族就要迁徙到它们领地附近了。想想梁龙的大个子，简直是一身的美味啊！异特龙一伙摩拳擦掌，准备大干一番。它们准备了好几天，连埋伏地点以及攻击的策略都想好了，就等梁龙家族出现了。可是到了梁龙出现那天，它们却一无所获。

那天天刚亮，异特龙一伙就早早醒来，因为它们已经听到梁龙走路所发出的巨响越来越近了。它们急忙躲到河边的密林中，打算等梁龙出现时打个伏击。

过了一会儿，第一只领头的大个子梁龙现身了。紧接着，远处又露出了好多只梁龙的长脖子——看来这是个庞大的家族。异特龙一伙高兴极了。

看着梁龙一个个地走向河边低头饮水，异特龙首领认为时机到了，便低吼了一声，这是发起冲锋的信号。几只异特龙立即狂奔着扑向梁龙。

忽然窜出的异特龙气势逼人，吓坏了正在饮水的几只梁龙，它们竟一下子跳入了水中，迈开大步走向了河中央的深水区。狂奔在水边的异特龙猛地停住了，它们没想到梁龙还有这一招，可它们不敢下水。异特龙一伙气急了，只得掉转方向，去攻击后来的梁龙。可那些梁龙竟然做出了一种奇怪的反应——边跑边踩起脚来。异特龙可不管这些，它们继续追击，梁龙越来越少。可当它们追到另一条河边时，惊奇地发现所有的梁龙竟然都已经躲入河水中了。

这下，异特龙一伙一无所获，算是白费力气了。让它们纳闷的是，后面的梁龙是怎么得到消息躲起来的呢？

过了好久，异特龙一伙才反应过来，原来梁龙踩脚的行为正是给不远处的梁龙传递暗号呢。那些梁龙通过脚底的震动，得知前面的同伙遭遇袭击了，于是，便早早躲入了水中。

可是，对于异特龙一伙来说，它们即使想明白，也来不及了——梁龙家族早就渡河逃跑了。

剑 龙

剑龙外形健硕，体重可达 4 吨，食性为植食性，其名称得自于背上那一排高大的骨质板。另外，剑龙的尾巴上进化出了一种强有力的御敌武器——四根锋利的尖刺。剑龙过着逐草而居的游牧生活。

剑龙是恐龙家族中最笨的，它的身体和非洲大象差不多，脑袋却很小

小头恐龙

剑龙的脑袋很小，大脑仅有一个核桃般大小，所以智商不高。剑龙嘴的最前端长着像鸟一样的尖喙，喙上没有牙齿，牙齿分布在嘴的两侧，十分细小。

剑龙长着像鸟一样的尖喙，喙里没有牙齿，但嘴里的两侧有些小牙

背上有一排巨大的骨质板

带有四根尖刺的尾巴可防御掠食者的攻击

正在行走的剑龙

锋利的骨板

剑龙背上那一排三角形骨质板以及尾巴上的四根尖刺是它最显著的特征：那骨质板其实是 17 块板状骨头；它尾巴的尖端还有长刺，这些刺足有 1 米长。科学家曾经认为剑龙的骨质板是平铺在背部的，但后来确定这些骨质板是竖立着长在皮肤上的，而与内部的骨架没有连接。骨质板有调节体温的重要作用。

剑龙的骨骼化石

后肢强壮

剑龙是四足恐龙，前腿生有 5 个脚趾，但后腿只有 3 个脚趾；剑龙的前腿稍短，后腿更长也更强壮，承担了大部分的身体重量。因此，剑龙总是一副前低后高的姿态，头部抬起不会超过 1 米。

植食性恐龙

　　剑龙的牙齿十分细小，缺乏平面，使得牙齿之间无法紧合，而剑龙的下颌也没法水平移动，所以，剑龙是无法碾磨植物的。这影响了它们对于食物的偏好，它们只能吃一些低矮的苔藓或是蕨类植物。为了减轻肠胃消化食物的负担，剑龙也有吞食胃石的习惯。

正在进食的剑龙

迟缓的"慢性子"

　　剑龙的前后肢长短不一，这是由其骨骼构造所造成的。这样的构造预示着它们没法提高自己的行进速度，因为前肢与后肢不能协调一致。据科学家推算，成年剑龙最快的速度不会超过 7 千米/小时。

背板也是极佳的防御武器

剑龙完全是用四足行走的，前肢短，后肢较长

剑龙行动缓慢

御敌策略

　　剑龙体形不大，智商很低，行动又迟缓，这一切都注定它是"丛林法则"中的弱者。那么，剑龙有哪些御敌策略呢？当凶猛的肉食性恐龙发动袭击时，剑龙会调转方向，使骨质板朝向敌人，以吓退对方。若对方依然不放弃攻击的话，剑龙还会挥舞尾巴，用尾巴上的尖刺抽打敌人。

很久以前，人们就开始探讨恐龙会不会得癌症的问题。为了得到确切的答案，美国俄亥俄州立大学的科学家罗斯希德和他的团队利用X光机对10000多块恐龙椎骨进行了扫描，最终在一块鸭嘴龙的骨骼内发现了"恶性肿块"，这说明恐龙也曾遭受过癌症带来的痛苦。

鸭嘴龙是一种植食性恐龙，生存于7000万年前的白垩纪。罗斯希德的团队在9个鸭嘴龙的骨骼中共发现了29个肿瘤；另外，在鸭嘴龙科的埃德蒙顿龙体内还发现了一些恶性肿瘤。

鸭嘴龙身上发现的肿瘤是血管瘤，是一种良性的、寄生于血管内的肿瘤。

罗斯希德十分肯定地说："就算是病理学家来检测这些骨骼的话，结果也是一样的。目前不能确定的是导致鸭嘴龙罹患癌症的确切原因。然而，鸭嘴龙的寿命很长，这给肿瘤的成长提供了充足的时间。"

罗斯希德曾经推测，鸭嘴龙的饮食习惯可能导致它们罹患癌症。因为鸭嘴龙爱吃针叶树木，而那其中含有多种可诱发癌症的化学物质，大量进食此种树叶，自然增加了患癌的风险。

剑龙之死

经过一场雨的清洗，森林里的空气都变得清新了，雨滴聚集在大叶子上，又一滴一滴地滚落在地面上。一只高大的剑龙正漫步在森林中，它悠闲地咀嚼着刚刚发出新芽的蕨类植被。

不过，它的一切行动都在一只巨齿龙的监视之下。那只体形庞大的巨齿龙正蹲在茂密的灌木丛后面，盯着专心咀嚼的剑龙呢！

雨后的森林中充满了泥土和植被的气味，这气味甚至掩盖了巨齿龙身上所独有的属于肉食性恐龙的味道，这让剑龙更加专心地咀嚼嫩叶。巨齿龙悄悄地绕到剑龙的侧面，它要出其不意地发动攻击，而目标就是剑龙身上最薄弱的腹部。

剑龙正大口咬下一片蕨叶，忽然，巨齿龙冲了上来，它张着血盆大口向剑龙的腹部咬去，一个猛的甩头，剑龙的腹部就被撕下了一块肉。剑龙吓呆了，厉声地嚎叫着。它好不容易才转过身来，甩动起自己的尾巴，希望用自己的骨刺将巨齿龙击碎。然而，剑龙反应太慢了，巨齿龙早就退出了老远的距离。

看到剑龙惊慌发怒的样子，巨齿龙得意极了，它又躲入了灌木丛后面。那剑龙又气又疼，浑身颤抖着，看样子恐惧极了。过了一会疼痛感还是没有消失，它抖不接下气地喘了起来。这它又绕到剑龙的另一边，是剑龙的大腿。剑龙的大而这次，巨齿龙居然跑都龙倒地。

剑龙的腹部和大腿同时剑龙实在撑不住了，一个跟这时候，巨齿龙也休息好了，

儿，剑龙身上的得更厉害了，开始上气时候，巨齿龙再次发动攻击，猛地扑上去。这回，它袭击的腿被撕裂了，它疼得蹲在了地上。不跑了，它要慢慢休息，顺便等着剑流血，地上已经积攒了一大摊血。最后，头栽倒在地，再也起不来了。它悠闲地走过来，准备品尝它的"大餐"。

异特龙

异特龙又名跃龙，生活在侏罗纪晚期的非洲、欧洲、大洋洲以及北美和中国。异特龙是凶猛的掠食性恐龙，处于当地环境中食物链顶层，又有"残暴异特龙"之称。异特龙属蜥臀目恐龙，体重中等，以二足行走。

凶猛的异特龙

眼睛上方拥有角冠

近1米长的大脑袋的头颅骨是中空的，可减轻头部重量

异特龙的前肢比较发达，三个指头上都有弯曲的利爪，能像鸟爪一样做出类似抓握的动作，有利于捕食

外形特征

异特龙属于兽脚亚目恐龙，有较大型的头颅骨、粗壮的脖子、短小的前肢以及长长的尾巴。异特龙的身长可达8.5米，体重达2.3吨左右。从体形上比较而言，异特龙要小于暴龙，但却比暴龙粗大，在猎食方面更具优势。

牙齿多而向里弯曲，猎物被它咬住很难逃脱

不断更新的牙齿

异特龙的每块前上颌骨上都有5颗牙齿，每块上颌骨上则生有14~17颗牙齿；每块齿骨上的牙齿平均数量为16颗。这些牙齿的形状从中间向两边依次变化，越向两边，牙齿越短、越狭窄，弯曲程度也越深。异特龙的锯齿状牙齿很不牢固，但是更新速度很快。

功能各异的角冠

异特龙的眼睛上方生有一对突出的角冠，这是从泪骨延伸出来的骨质突起；角冠的大小与体形的大小成正比；从角冠向下延伸至鼻骨处，有一对突出的小型棱脊。据科学家推测，这些角冠可能包裹在角质层之下，并且功能各异。这些角冠可能具有遮光、展示的作用或者种族内部的打斗示威作用。

骨骼构造

异特龙全身椎骨众多：9 节颈椎、14 节背椎、5 节荐椎，尾椎数量则随个体大小而成正比例增减。异特龙颈椎与前部背椎之间有中空区域，这与现代鸟类的构造很相似，因此，科学家推测，异特龙具有与鸟类相似的气囊系统。异特龙的肋骨很长，包裹着桶状的胸腔。

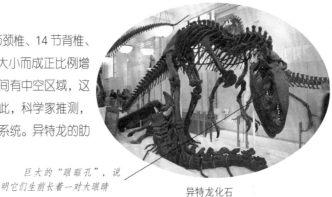

巨大的"眼眶孔"，说明它们生前长着一对大眼睛

异特龙化石

恐怖异特龙

异特龙灵活有力的前肢是它捕食猎物的得力武器，只要靠近它身边的猎物，都会成为它的"掌"中之物。猎物只要被异特龙的爪子抓到，便会出现一道道血痕；异特龙的尾巴也是它捕猎时强有力的辅助工具。异特龙还会使用伏击的方式围攻大型猎物。

聪明的异特龙

科学家的研究已经证实，对于恐龙来说，并非个体越大，智商就越高，比如，重达数十吨的马门溪龙，大脑的重量仅为 500 克；而剑龙的大脑重量更小，不足 100 克，它们是十足的低智商者。但异特龙则不然，它们体形庞大，大脑也相当发达，它们可以称得上是侏罗纪时期恐龙王国的"智多星"——它们拥有多种捕食猎物的计谋。

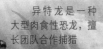
异特龙是一种大型肉食性恐龙，擅长团队合作捕猎

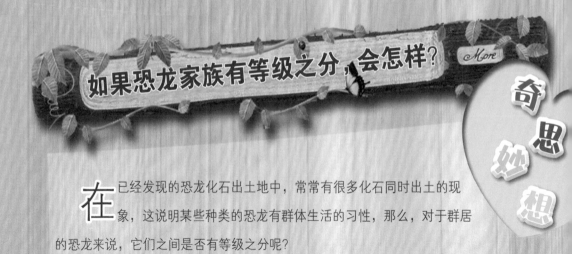

如果恐龙家族有等级之分，会怎样？

在已经发现的恐龙化石出土地中，常常有很多化石同时出土的现象，这说明某些种类的恐龙有群体生活的习性，那么，对于群居的恐龙来说，它们之间是否有等级之分呢？

美国古生物学家曾经对多处角龙墓地进行研究。这些墓地中都保存了大量的角龙化石，其中有幼年角龙的，也有成年角龙的。研究它们可发现，处于不同年龄段的角龙，头部的装饰也有所不同。幼年时的角龙，头上并未出现什么装饰；但随着身体的发育，它们开始出现复杂的装饰。这意味着，角龙年龄越大，它们头顶的装饰就越复杂，比如角和棘刺的样式是多种多样的，所具有的力量也是各不相同的。

当繁殖的季节来临时，雄性角龙之间为争夺雌性配偶会爆发多场角斗，而角就是它们的武器。

显而易见的是，成年角龙的优势是十分明显的，在群体中也更容易成为头领。这样一来，它们的角就成了它们地位的象征。时间长了，角龙只需要看一眼对方的角，便能识别和判断出对方在群体中的地位，并主动服从头领的命令。就这样，角龙群体中便自然形成了等级之分。

事实上，对于在"丛林法则"支配下的恐龙家族来说，等级之分是一种能够保护它们的体系。单个恐龙在群体的范围内互相依靠，便多了一分存活下去的希望。而头领则是最为勇猛的恐龙，承担着保护老弱病残的义务。

狂妄的异特龙

侏罗纪晚期的北美大陆是一片旱季雨季交替的泛滥平原，河边生长着松柏、苏铁和树蕨组成的树林。

大名鼎鼎的梁龙、腕龙、迷惑龙等巨型蜥脚类恐龙，以及多种中小型植食和肉食恐龙，与异特龙分享着同一片栖息地。但异特龙是当之无愧的王者。它们凶猛残暴，凭借粗大的体格、满口的獠牙，以及急速掠杀的习性征服了北美大陆众多恐龙。但在1.5亿年前的晚侏罗纪时期，除了体形上的优势，异特龙还有更为优越的智商——它们可谓是恐龙王国的"智多星"，只要被它们盯上，猎物基本无路可逃。这渐渐地成了异特龙狂妄自负的资本——仿佛世间的一切都是上天赐予它们的食物。

这一天，两只骄傲的异特龙正在散步，忽然，它们看到三只极为高大壮实的圆顶龙。看样子，它们是一家三口，正要去河边喝水呢！异特龙自然不会放过这送到嘴边的美食。但它们心里明白，这种结伴而行的圆顶龙具有极强的反击能力，它们的大粗腿能轻易踩死一只恐龙，若是被它们的长尾巴鞭打一下的话，也会当即毙命的。所以，它们得等待机会，来个出其不意。两只异特龙决定分头行动，一只负责在后面跟踪，另一只则绕到圆顶龙的侧面，伺机从侧面攻击。

很快，雄性圆顶龙最先踏上了表面又干又硬的河床。但这河床对于体重巨大的圆顶龙来说实在不堪一击，很快就被踩碎了，圆顶龙也自然陷入了泥沼中。它的两个前掌被烂泥裹住，根本动弹不得。后面的两只圆顶龙见状，便不敢向前了。它们在等待雄性圆顶龙能够自救成功。

但这时候，后面的异特龙突然进攻了。它把前爪伸向圆顶龙的臀部，顿时就撕下了一块肉。圆顶龙痛极了，使劲挥动尾巴。而此时，另一只异特龙也从侧面发动了攻击，用爪子撕扯着圆顶龙的腹部。雌性圆顶龙为了保护自己的孩子，立即带着孩子向后退去。

雄性圆顶龙被两只异特龙攻击，气得发疯，但前肢陷入泥沼，它行动十分不便，只能不断挥动尾巴击打敌人。

两只异特龙以为圆顶龙肯定是必死无疑了，竟然跳到它前面，想咬断它的脖子。但这只圆顶龙忽然甩动脖子，将一只扑上来的异特龙撞飞了好远；另一只异特龙也被连带着摔倒在圆顶龙的前肢下。忽然，圆顶龙不知从哪生出一股巨大的力量，竟抬起了前肢，当它前肢落下的时候，正好踩在倒下的异特龙身上，异特龙被踩碎了。这下，圆顶龙竟找到了支撑点，它又快速地后退，竟逃出了深渊。

那只被撞飞的异特龙看到同伴惨死，吓坏了，急忙灰溜溜地逃跑了。

美颌龙

美颌龙又名细颈龙，意为"拥有美丽下颌的恐龙"，是肉食性兽脚亚目恐龙。与其他恐龙相比，美颌龙是恐龙家族中的"小个子"，体形只有母鸡般大小，但它却是一种肉食性恐龙，科学家曾在出土的美颌龙化石体内发现了小型的蜥蜴化石。

美颌龙体形小巧

最小的恐龙

美颌龙是已知的最小的恐龙，与始祖鸟存在亲缘关系，体长约为1米，体重仅有3千克，最小的不足1千克。美颌龙属于二足恐龙，前肢小巧，善于捕猎；后肢较长，身后拖着长尾巴，这是它行走时的"平衡器"。

脖子修长、灵活

美颌龙是目前发现的最小的一种恐龙，身体只有母鸡般大小

后肢长

前肢短

头颅窄长

美颌龙的头颅骨十分精细，形状窄长，鼻端呈尖锥形。美颌龙的头颅骨上生有5对孔洞，最大的一对是眼窝。美颌龙的下颌修长，但没有下颌孔。美颌龙的牙齿小却十分锋利，能够撕咬那些小型的脊椎动物及其他动物。美颌龙的一部分牙齿具有锯齿状边缘，并且大幅度向内弯曲。

奔跑健将

美颌龙眼睛很大，目光敏锐，奔跑速度极快，并能随时加速，即使擅长爬行的蜥蜴也躲不过美颌龙的追捕。捕到猎物时，它可以将其整只吞下。

美颌龙捕猎

残忍的捕猎者

美颌龙是十分残忍的肉食者，当它们遇到猎物时，毫无怜悯之心；饿的时候，行为更加凶残：穷追不舍、围追堵截，各种狡猾无耻的手段都会被它们用上——目的只有一个，捉住猎物，因此美颌龙又有侏罗纪"小恶棍"之称。

善于爬树

美颌龙体形虽然小巧，但对付那些小蜥蜴和昆虫是绰绰有余的。它们有着极强的征服欲望，又练就了一身爬树的绝活，即使猎物爬上树梢，它们也能毫不犹豫地跟上去，所以，它们依然是成功的掠食者。

美颌龙化石

头颅骨窄长，鼻端呈锥形

头颅骨有 5 对窝孔，最大的是眼窝，窝孔之间为纤细的骨质支架

双足细小

集体觅食，美颌龙注重团队合作，常常集体觅食

临海而居

侏罗纪晚期的欧洲大陆还是一片气候干热的群岛，散落在古地中海的边缘地带。而美颌龙化石的发现地都是海滩与珊瑚礁之间的礁湖，这里也是始祖鸟、喙嘴龙以及翼手龙的化石发现地。另外，在美颌龙的同期化石中，也有海洋动物化石出土，这说明美颌龙喜欢临海而居。

奇思妙想

恐龙行走时，是直立的步态，这相对于爬行动物来说是巨大的飞跃。因为直立的步态能够保证恐龙在快速行进时呼吸顺畅；同时，直立步态也能减轻四肢弯曲时所承受的体重的压力，有助于恐龙发育出巨大的身形。这些促使恐龙成为地球上最为活跃的动物种类。

然而恐龙家族中存在着二足行走和四足行走，以及肉食性恐龙和植食性恐龙的区别，它们行走姿势不同，食性不同，走路的速度也不太一样。一般来说，采用四足行走的多为植食性恐龙，二足行走的多为肉食性恐龙。

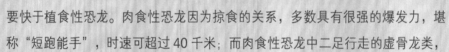

通常来说，肉食性恐龙的速度要快于植食性恐龙。肉食性恐龙因为掠食的关系，多数具有很强的爆发力，堪称"短跑能手"，时速可超过 40 千米；而肉食性恐龙中二足行走的虚骨龙类，占据着更多的优势，如骨头轻、腿短，跑起来十分轻捷，姿态也十分优美，是恐龙家族中有名的"飞毛腿"，时速可超 80 千米。

而那些四足行走的蜥脚类恐龙，则要慢很多，它们的时速仅为 7 千米。剑龙和甲龙也是四足恐龙，但它们的腿脚要快于蜥脚类恐龙，时速最快可达 8 千米。

蛮龙称霸

体格强壮的蛮龙一直倚仗着自己的力量和獠牙利爪自诩"林中霸王"。所有的小动物以及那些性格温和的植食性恐龙都得躲着它走，因为只要它心情不好就要大开杀戒了。甚至那些同样食肉的恐龙也不敢当面和蛮龙硬碰硬。

不过，最近林子中搬来了美颌龙一家，它们好像并不在意蛮龙的霸主地位。它们的个头小极了，在恐龙家族中几乎再也找不出比它们还小的恐龙了，但若要比起速度和凶狠程度的话，这些美颌龙可一点也不逊色于那些"大家伙"。

每次遇到蛮龙，美颌龙一家都是一副自如的样子，甚至连蛮龙相中的猎物，美颌龙也敢抢夺——还不是仗着它们跑得快嘛！时间长了，林子里所有的动物都知道美颌龙不怕蛮龙了。蛮龙气不过，便向美颌龙一家发出挑战，它要比试一下到底谁更厉害，比试的内容是看谁捕猎速度快。没想到美颌龙一家居然答应了。但它们提出一个条件，要捉蜥蜴。蛮龙感到好笑，觉得这有什么难的，便一口答应下来。

比试那天，森林里聚集了不少来看热闹的恐龙。美颌龙和蛮龙也很快到场：蛮龙一副胜券在握的样子，十分不屑；而美颌龙则是双目圆睁，不放过任何一个猎物。

忽然，美颌龙爸爸一个箭步蹿了出去，大伙都惊呆了，不知道发生了什么，不知谁说了一句："树底下爬出一只蜥蜴！"大伙才反应过来，心里纷纷赞叹："美颌龙眼睛真是尖，反应速度也快！"看到美颌龙蹿了出去，蛮龙才反应过来，急忙跟上。蛮龙的速度也很快，但美颌龙实在灵巧，很快就跑到了树根下，但那时受惊的蜥蜴早已爬到枝叶叠压的树梢里去了。

这可给围在树下的美颌龙和蛮龙出了一个难题。蛮龙脾气暴躁，只有一身蛮力，它气得直撞树，想把蜥蜴撞下来；可那蜥蜴抓得稳稳的，才不在乎呢！

看着蛮龙使出自己的本事却没有收获，美颌龙便开始出招了。它不慌不忙地向后退了几步，"噌噌噌"几下就蹿上了树。站在远处的恐龙个个张大了嘴巴，它们没想到不起眼的美颌龙居然还藏着这么一手。

一阵"哗啦哗啦"的响声过后，美颌龙从树上退了下来，手里握着刚才那只蜥蜴。这下，连蛮龙都服气了。打那以后，它再也不提称王称霸的事儿了。

鹦鹉嘴龙

鹦鹉嘴龙这一名称的希腊文意为"鹦鹉蜥蜴"，是活跃在白垩纪时期的亚洲的一种恐龙。在外形上，鹦鹉嘴龙最大的特点是长着一张类似鹦鹉的带钩的嘴。科学家曾认为，大部分的角龙类恐龙可能是鹦鹉嘴龙的后裔。

鹦鹉嘴龙是一种小型植食性恐龙

尾巴与下背部有鬃毛状的结构

颈部粗短

嘴巴类似鹦鹉嘴

体形特征

外鼻孔很小

鹦鹉嘴龙体形小巧，体长在1~1.5米之间。鹦鹉嘴龙属二足、植食性恐龙。鹦鹉嘴龙头上那突起又强壮的喙状嘴是它最明显的外形特征；有些品种的鹦鹉嘴龙的尾巴与下背部还生有鬃毛状的结构，其作用可能仅限于展示。

中国鹦鹉嘴龙

前肢较后肢短小

头部特征

鹦鹉嘴龙的颧骨很高，且向外延伸；外鼻孔很小，前额骨位于鼻骨以下；口腔内上颌和下颌上各有7~9颗牙齿；牙齿为三叶状，外缘光滑，齿根长，牙冠位置较低。

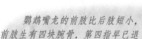

鹦鹉嘴龙的前肢比后肢短小，前肢生有四块腕骨，第四指早已退化，缺乏第五指

头颅外形类似现代鹦鹉，呈短宽而高状，弯曲的吻部外缘被角质喙所包裹

鹦鹉嘴龙在希腊文意为"鹦鹉蜥蜴"

前肢活动有限

鹦鹉嘴龙的前肢比后肢短小，无法直接接触地面，活动范围有限，做不出挖掘以及将植物送进口中的动作。因此，前肢只能够取很近的东西，碰触自身器官的范围也很有限，最远能够到自己的膝盖。

植食性的鹦鹉嘴龙是白垩纪时期大部分食肉动物的"盘中餐"

吞食胃石

鹦鹉嘴龙的牙齿很锋利，适于切割坚硬的植物，但鹦鹉嘴龙的口中缺乏能够碾磨植物的牙齿，所以，鹦鹉嘴龙需要吞食胃石来帮助胃部消化。科学家曾在鹦鹉嘴龙的腹部发现大量的胃石，有的竟超过了 50 颗。这些胃石储存在砂囊中，类似现代的鸟类。

亲缘关系

科学家曾在一处鹦鹉嘴龙化石出土地发现大量鹦鹉嘴龙化石，其中有成年鹦鹉嘴龙和若干未成年鹦鹉嘴龙。其中的成年鹦鹉嘴龙被若干未成年鹦鹉嘴龙所包围。这显示这个鹦鹉嘴龙家族被掩埋时还活着，而它们之间存在着亲代抚养关系。事实上，未成年鹦鹉嘴龙必须要在洞穴中长至成熟才可以离开洞穴。

鹦鹉嘴龙化石

中国鹦鹉嘴龙

英国科学家认为生活在 1.33 亿年 ~1.2 亿年前中国东北地区森林里的鹦鹉嘴龙，是一种可以改变体色的恐龙，其脸庞颜色鲜艳，喙与鹦鹉相似，腿部布满网状纹路且表面有黑点，它们在遇到危险时，会让身体下部颜色变浅、上部的颜色变深来保护自己。

奇思妙想

对于恐龙的食性的鉴别是帮助我们认识该种恐龙必不可少的一个环节。科学家在鉴别恐龙食性时，最直接的依据便是恐龙的牙齿和趾骨化石；那种如同匕首一般的利齿，以及弯钩状的利爪自然不是用来吃草的。

一般来说，肉食性恐龙的头部很大，嘴也大，能容纳更多的大而弯曲的利齿，比如霸王龙的牙齿就锋利如剑，边缘又生有锯齿，最长的牙齿甚至可以达到20厘米。

植食性的恐龙牙齿一般较为平直，不生锯齿，更适于咀嚼。而植食性恐龙之所以能进化出这样的牙齿，也是受到它们的食物的影响。比如，蜥脚类恐龙的牙齿有勺状和钉状的，这是因为它们以苏铁类和蕨类食物为主食，它们首先得用牙齿咬断此类植物的茎叶，才能咀嚼并吞咽下去。对于鸭嘴龙类恐龙来说，它们主要以石松类植物为食。这种植物质地坚硬，鸭嘴龙为适应此种情况，口腔的上下左右都生有密密麻麻的牙齿，这样便于它们咀嚼坚硬的植物。

此外，还有些生理特征有助于科学家鉴定恐龙的食性，比如，头骨和腭骨的形体较大，脖子粗短，二足行走的一般为肉食性恐龙；而植食性恐龙一般具有头小、脖子长的特点，善用四足行走。

从数量上说，植食性恐龙是要多于肉食性恐龙的，这是生物界保持平衡的规律。

父母之爱

最近一些日子里，住在湖泊附近的鹦鹉嘴龙一家越来越热闹了，原来是鹦鹉嘴龙妈妈又孵化出了不少的幼崽。这真是一个庞大的家族，算上鹦鹉嘴龙父母，全家一共有30只恐龙。日子虽然过得热闹，但对于鹦鹉嘴龙父母来说，它们的担子却更重了。

虽说湖泊附近水草丰美，但一大家子每天要吃的东西可不少。于是，鹦鹉嘴龙夫妇便分工合作，鹦鹉嘴龙妈妈只负责在家抚育孩子，而鹦鹉嘴龙爸爸则要出门去采摘嫩叶，来喂养自己的孩子。

这一天，鹦鹉嘴龙爸爸跟往常一样，早早地出门去找吃的。为了找到更多的嫩叶，它得走到更远的地方才行。而鹦鹉嘴龙妈妈呢，则负责给孩子们分配食物，吃完饭，就带着小鹦鹉嘴龙出门去辨认各种植物。

它们这一大家子刚走出不远，鹦鹉嘴龙妈妈忽然感到脚下传来一阵晃动，好几个孩子都被晃倒了，它急忙扶起孩子。可这时候有几个小鹦鹉嘴龙却对着天空"哇哇大叫"起来——接着，便是一阵地动山摇，天空顿时变得黑暗了——原来是火山爆发了，喷出的火山灰将整个天空全部遮蔽起来。

鹦鹉嘴龙妈妈急忙大喊道："快跟着妈妈，我们到那边的山洞里避一避。"说完，它们一家用最快的速度跑到了山脚下的一个洞穴里。刚进入洞穴，鹦鹉嘴龙妈妈便清点了自己的孩子，幸好一个都没落下，可孩子们又哇哇乱叫起来，原来它们在担心自己的爸爸。

鹦鹉嘴龙妈妈也很担心自己的丈夫，但保护孩子才是第一位的。它让小鹦鹉嘴龙们往山洞里躲，自己则卧在山洞口，想要挡住汹涌落下的火山灰。

黑暗中一个身影向山洞跑来——真的是鹦鹉嘴龙爸爸，它手上还捧着好大一把水草。鹦鹉嘴龙妈妈见了高兴极了，它急忙拉过自己的丈夫。鹦鹉嘴龙爸爸把水草推进了洞中，让孩子们先吃，自己则和鹦鹉嘴龙妈妈一同堵住洞口。

然而，火山灰越落越多，温度也越来越高，这一家子最终还是被火山灰埋葬了。但鹦鹉嘴龙父母的慈爱只会更加清晰。

禽 龙

活跃于白垩纪早期，希腊名称意为"鬣蜥的牙齿"，属于大型鸟脚类恐龙，植食性动物。禽龙身长约 10 米，高 4~5 米。前手拇指有一尖爪，可能是它进食及抵抗掠食者的工具。

禽龙

咀嚼食物时，禽龙会将食物置于两颊咀嚼

长而粗壮的尾巴则是它的"平衡舵"

四肢发达

禽龙属二足恐龙，行走时主要靠发达的后肢发力。禽龙前肢也很发达，而它的拇指则朝上生长，坚硬且锋利，且与其他指爪成直角；小指修长敏捷。

前掌粗壮且不易弯曲，拇指朝上生长

鬣蜥的牙齿

禽龙的牙齿与鬣蜥的牙齿相似，但外形更大。与鸭嘴龙科的恐龙不同的是，禽龙一次只能生出一副替换的牙齿。上颌骨左右两侧各生有 29 颗牙齿，齿骨左右两侧各有 25 颗牙齿。禽龙下颌的牙齿较宽，所以，下颌牙齿数量较少。

行走时，禽龙以四肢着地，步伐缓慢

在摘取蕨类和针叶植物时，禽龙喜欢用后肢站立，用前肢够取

行走姿势

禽龙栖息地位于今天的欧洲和美洲大陆的林地中。植被丛生的深林，潮湿温暖的沼泽地带是它们栖居和觅食的好地方。

近身武器

禽龙的拇指上长着刺一样的尖爪，如同匕首一般，这是它对付袭击者的有力武器。进食时，尖爪还可以轻易地掰开水果或是种子；当禽龙内部发生打斗时，尖爪也会派上用场。

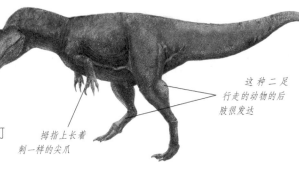

这种二足行走的动物的后肢很发达

拇指上长着刺一样的尖爪

它们只喜欢吃一些植物的枝叶

禽龙是植食性恐龙

性格温和

禽龙外形健硕，但它却是一个脾气温和的大个子，它们只喜欢吃一些植物的枝叶，很少与其他恐龙发生争斗。但若遇到凶残的敌人来袭时，它们也会挥舞着匕首一般锋利的指爪抵御敌人进攻。但这种情况在忍无可忍时才会发生。

集群而居

禽龙化石出土时，曾出现聚集现象，这说明禽龙喜欢群居生活，它们也曾结群行走和觅食。有科学家推测，它们喜欢临水而居，当受到敌人攻击时，它们可以快速地潜入水中躲避侵袭。

禽龙的骨骼化石

如果环境恶化，恐龙还能长成"巨龙"吗？

奇思妙想

对于任何生物来说，营养都是促进成长发育的关键物质，而营养就包含在食物中。对于体形庞大的恐龙来说，食物更是不可或缺的。要是赶上荒年，它们不仅会营养不良，而且那些老弱病残者几乎都会被饿死。换句话说，因为有充足的食物，恐龙才有可能成长为体格健硕的"大块头"。

据科学家考证，白垩纪时期的地球，二氧化碳的浓度为现在的 5 倍；而氧气的含量则比现在高出 1.5 倍。这种环境极大地提高了植物光合作用的速率——速度约为今天的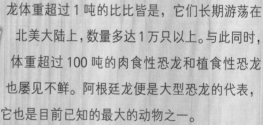
3 倍，因此，白垩纪时期的植物有着惊人的生长速度。植物的富足，为大型植食性恐龙的繁衍提供了有利的条件，而这些大型的植食性恐龙又是肉食性恐龙的美味，所以，无论是植食性恐龙还是肉食性恐龙，都能成长为大个子。

从对现有的恐龙化石的研究成果来看，白垩纪中期的植食性恐龙体重超过 1 吨的比比皆是，它们长期游荡在北美大陆上，数量多达 1 万只以上。与此同时，体重超过 100 吨的肉食性恐龙和植食性恐龙也屡见不鲜。阿根廷龙便是大型恐龙的代表，它也是目前已知的最大的动物之一。

仓惶逃窜的禽龙

又到了禽龙家族集体迁徙的日子了，它们要迁往南方更温暖的地带，听说那里气候湿润，树木葱郁。然而，不知道是谁将禽龙家族倾巢出动向外迁徙的消息传给了它们的天敌霸王龙。

霸王龙家族听了这个消息，气得张牙舞爪，它们才不允许禽龙离开这片林子呢——禽龙可是霸王龙的美味啊！因此，霸王龙家族立即派出几只较为强壮的成员去追捕它们。

那时候，禽龙家族还不知道呢！只见它们慢条斯理地走着，要是看到了好吃的，还要停下来享用一番。

霸王龙跑动的声音实在太大，惊动了一只走在最后面的禽龙。它回头一看——居然有好几只霸王龙追着它们。那只禽龙急忙大喊道："快跑，霸王龙追来了！"这消息一传十，十传百，所有的禽龙都知道了。它们吓得面面相觑，腿脚发抖，根本不知该往哪走。

这时候，经验丰富的老禽龙急忙指挥大家："快跑，只要见到水，就钻进去，霸王龙不敢下水！"听到这个命令，所有的禽龙都一股脑地向前跑去，希望能快点跑到水边。

然而，霸王龙的速度非常快，它们很快就扑倒并咬死了几只腿脚慢的禽龙。但它们并没有停下来，依然追击着。看到有同伴倒下，家族大乱，但只能一窝蜂地往前奔。

禽 龙

不知道谁喊了一句："那有湖，快进去！"所有的禽龙立即不管不顾地冲进了水里。可是它们越走越觉得奇怪：那脚刚踏进湖中，想要再迈一步却根本拔不出来——原来它们陷入了一片沼泽中——只要腿脚踩进去，就别想挪动一下。它们现在是进退两难了。

停了下来，它们最害怕水了。霸王龙追到了湖边，便冲着湖水嘶吼了一阵子，始终不敢下水，便决定回头抢食死掉的禽龙。

沼泽里的禽龙虽然逃脱了霸王龙的魔爪，可它们却再也出不来了。

牛 龙

牛龙的活跃期从侏罗纪延续到白垩纪，是一种大型恐龙，身长可达 10 米，因为头部很像现代的牛，眼睛上方又生有一对"牛角"，故名为"牛龙"，但它们却是残暴凶猛的，喜食肉类，故又名"食肉牛龙"。

这对尖角长在眼睛的上方，形状像翼

尾巴可以使它的头向前伸，可以捕获挣扎的猎物

前腿细且短，后腿粗壮有力，这种结构利于奔跑

上下颌长着像剔肉刀一样的牙齿

白垩纪猎豹

牛龙的体重在 2000 千克以上，臀高达 3 米，似乎并不灵活；但牛龙脑袋高、小腿细长，尾巴细且短，这是非常适合奔跑的体形。据科学家的描述，牛龙是奔跑健将，奔跑速度极快，可达 17 米/秒，甚至有"白垩纪猎豹"之称。

牛龙的身长足足有两辆汽车那样长

头部尖角

与其他兽脚类的头部形态相比，牛龙也生有骨质冠饰，只不过它的两个角长在额头上，这与现代的牛角位置相似。有科学家推测，牛龙的头部具有极强的抗冲击性，这使得它在高速追捕猎物时，不惧猎物的冲击；但也有科学家认为，牛龙的角只能适应水平方向的撞击，而其"用武之地"仅限于种族内部的打斗行为中。

咬合力强

牛龙的头部小而短宽,颌部布满了很多小锯齿状的牙齿;多且锋利的牙齿是牛龙撕咬猎物的有力武器。这种牙齿甚至能将坚硬的骨头咬碎。牛龙的口鼻部很短,因此它具有极快的咬合速度,也能使出更大的咬合力。为了保护自己的骨骼,牛龙进化出联结上下颌的颌部关节,这可以减轻咬合时的力量对自身骨骼的冲击。

口鼻部很短,因此具有极快的咬合速度

头部小而短宽,颌部布满了很多小锯齿状的牙齿

牛龙头部化石

平衡器官

牛龙的尾巴矫健且有韧性,在高速奔跑或是捕猎过程中,这条尾巴是极好的"平衡器官"。甚至可以说,若是没有这条重要的尾巴,牛龙绝不会有如此强大的战斗力。而它超强的战斗力则决定了它的生存能力。

牛龙的头骨十分坚硬,颈部包裹着强壮有力的肌肉,荐椎数量多,可承受巨大的冲击,股骨也十分有力,这一切都是它们奔跑时的优势所在

以大型恐龙为食

牛龙有着与暴龙类似的短小的前爪,这是它捕猎时的抓捕工具。因为食量很大,牛龙的捕猎对象都是一些大型的恐龙,比如雷龙、剑龙等肥硕的恐龙。在抓捕猎物时,牛龙反应迅速,在高速奔跑中急速扑向猎物,往往趁猎物来不及反抗时便咬断对方的脖子。

如果给恐龙测智商，得数会是多少？

奇思妙想

过去，人们对恐龙存在一些误解，认为恐龙是毫无智商可言的蠢物。但近年来，科学家已经掌握了一套为恐龙测量智商的办法，也为人们提供了一份可靠的恐龙智商报告。结果表明，恐龙一点也不傻，是当时地球上最为聪明的、活跃的动物家族。

经过测算，科学家得出一个结论，恐龙大脑的增长速度约为身体增长速度的 2/3，这意味着，恐龙大脑的大小随身体大小的 2/3 次方而变动。因而，体形大的动物与体形小的动物相比，只要有相对较小的大脑就可以拥有与体形小的动物同样的智商。

而对恐龙智商的最为直观的表现形式就是测算它的"脑量商"，具体方法为：先根据恐龙骨架的大小计算出它的体重，再根据脑量大小随身体大小的 2/3 次方变动的规律，得出脑量的数值，然后再计算出恐龙的"脑量商"。

显然，脑量商的数值越大，恐龙就越聪明。其具体结果为，蜥脚类恐龙的脑量商为 0.2~0.35，甲龙为 0.52，剑龙为 0.56，而角龙则在 0.7~0.9。通常，肉食性恐龙的脑量商要优于植食性恐龙，而小型肉食性恐龙的智商又高于大型肉食性恐龙，比如恐爪龙的脑量商已超过 5，甚至达到 5.6，这要比某些人还高。

为了方便比较，我们可以选取几个现生动物智商为例：人的脑量商均数为 6.5,（低者可低于 5，而高者如爱因斯坦可超过 10），羚羊的数值为 0.68，与人类智商最接近的宽吻海豚的脑量商数可达 5 左右。

强盗的下场

黄昏时分，夕阳的余晖洒在大地上，一切都陷入静谧之中。只有那只正喘着粗气休息的牛龙，似乎还在提示我们，刚才的决斗是如何险恶。

瞧吧！牛龙的旁边卧着一只奄奄一息的大型禽龙呢。看来这就是牛龙的晚餐。不过这只牛龙准备待会儿再享用它的美味——毕竟它也费了不少劲呢。

不远处，一只重爪龙正在闲逛。忽然，它闻到了血腥味和鲜肉的味道。它急忙循着味走了过来。"哇！真是一顿大餐啊！"看着倒在地上的禽龙，重爪龙暗暗感叹道，还有点垂涎三尺。不过，它也注意到了蹲在旁边的牛龙，它当然明白——这是牛龙的猎物。可它被这鲜美的禽龙肉馋得直流口水，它可不想白白走开——"要是能分上一点肉该多好啊！"重爪龙心里念叨着。这么想着，它竟不自觉地绕着禽龙转起了圈。

牛龙当然看到了重爪龙，也明白它的意思，但这近在嘴边的猎物岂能让别人坐享其成。它警惕地站了起来，目光凶狠地盯着重爪龙，似乎在警告它："你最好离我这远一点！"

重爪龙也不甘心，便要起了无赖的手段，向着牛龙大声嘶吼，仿佛要将它吓跑。可牛龙根本不吃这一套。重爪龙只好先下手为强——主动发起攻击，它低着头，向着牛龙顶撞过来。牛龙体格大，但却十分灵活，一个闪身便躲过了，还反口咬住了重爪龙的后背。"啊！"重爪龙疼死了，它没想到牛龙的牙齿居然这么坚硬，自己的骨头好像都要被它咬碎了一般。随后，牛龙一个甩头又将重爪龙重重地投出了好远。

重爪龙被摔得疼死了，缓了好半天才站起来。它不敢再小瞧牛龙了，只想转身逃走。可没走几步，它就感到后背袭来一阵狂风，紧接着，自己的屁股就挨了重重的一击——牛龙狂奔过来，用自己的头顶住了重爪龙的屁股。这下，重爪龙软软地瘫倒在地上，再也起不来了。

重爪龙一点便宜没占到，反而给牛龙的大餐又增加了一道"美味"！

恐爪龙

恐爪龙属于驰龙科，活跃于白垩纪时代。恐爪龙体形小巧，身长约为 3.4 米，臀高不足 1 米，体重可达 73 千克。恐爪龙的名称含义为"恐怖的爪子"，这是因为它后肢的第二趾上长着如镰刀一般锋利的趾爪。

恐爪龙是一种肉食性恐龙

高速奔跑或突然转向时，凭借尾椎及人字骨来维持平衡

颌部强壮

恐爪龙上颌部似拱形，口鼻部较狭窄，颧骨很宽。恐爪龙的颅骨及下颌都有孔洞，帮助其减轻头部重量；另外，恐爪龙有一对非常大的眶前孔，根据它的大小和位置推断，恐爪龙的眼睛主要是看向两侧的。恐爪龙的颌部十分坚硬，上面大约长着 60 根弯曲又锋利的牙齿。

手掌宽大，长有三根手指，且中间的手指最长

奔跑的恐爪龙

恐怖的趾爪

恐爪龙后肢的第二趾上进化出长达 13 厘米的锋利趾爪，好像在趾头上装了一把镰刀一般可怕。这是恐爪龙捕猎的"利刃"。

尾巴像棍棒一样坚硬

恐爪龙围攻猎物

栖息地

单腿站立的恐爪龙

科学家根据对恐爪龙化石出土地的地质考察得知，白垩纪时期的美国蒙大拿州地带属于泛滥平原或是沼泽的地质环境，这说明恐爪龙对此种环境更具适应性。而在同一地质环境中，还生存着星牙龙、伤龙以及孔牙龙等若干种类的恐龙。

"团伙"猎食

恐爪龙虽然体形不大，但却是十足的肉食者。为了弥补体形上的不足，它们习惯于拉帮结伙地团体出动，若干只恐爪龙一起扑向猎物——通常是腱龙。而在捕猎时，恐爪龙的前肢负责抓取，而后肢的锋利趾爪则负责将猎物"大卸八块"。这种恐怖的猎食方式让很多小型恐龙对其"唯恐避之不及"。

捕猎的恐爪龙

温血的恐龙

毋庸置疑，恐龙与远古爬行动物有着极深的亲缘关系，而爬行动物都是冷血动物，那么恐龙也是冷血动物吗？据科学家对恐爪龙的研究发现，答案似乎并不是那么肯定的。

因为，在美国科学家奥斯特伦姆的报告中，他提出了恐龙可能是温血动物的新观点。

四肢和尾巴覆盖着羽毛

恐爪龙捕杀猎物时，一只脚着地，另一只脚举起镰刀般的爪子，加上前肢利爪的配合，很容易将猎物开膛破肚，一下子置于死地

后肢第二趾上有非常大、呈镰刀状的趾爪，在行走时第二趾可能会缩起

同类相食

恐爪龙是凶残的肉食者，家族中有着弱肉强食的潜规则，甚至在分享猎物时，也要由身强力壮者优先食用猎物；若有分赃不均的感觉出现时，它们也会发生争抢和打斗；若是有弱小的同类被其他恐龙所伤害，它们甚至还会一拥而上，将自己的同类大口吞下。

凶残的恐爪龙

95

如果恐爪龙和霸王龙对决，谁会输？

奇思妙想

霸王龙体形巨大，具有超强的攻击力，也是当之无愧的恐龙霸王；在霸王龙面前，恐爪龙是不值一提的"小不点"——身长仅有 4 米，站起来不足 1 米高；远远看去，活像一匹矮种马。从体重上来比较的话，霸王龙可达 7 吨，而恐爪龙的体重仅有 73 千克，二者实在无法相提并论。

然而，恐爪龙这个"小不点"有着超强的生存智慧，它们不但不惧怕霸王龙，反而常常拉帮结伙地捕猎蠢笨的霸王龙。

行动迅捷、身手矫健、弹跳力强、牙尖爪利，是恐爪龙制胜的条件。它们常常隐藏于丛林之中，伺机而动。当步履沉重的霸王龙出现时，恐爪龙会瞅准时机，一拥而上。它们基本不会出动牙齿和前爪，只用镰刀似的后腿大爪直接进攻。恐爪龙身上有两只大爪，分别长在两只后脚的内侧。当它们在行进过程中，它们会有意将其离开地面保护起来。当它们使出这个秘密武器时，总是单腿站立，或是腾空跃起，以最大限度地发挥其杀伤力。

除了挥舞大爪，还要保持动作的敏捷。在围攻霸王龙时，恐爪龙讲究的是"稳、准、狠"，刺戮、放血都快速至极，根本不给霸王龙反击的时间——只有乖乖认输的份儿。由此可见，恐爪龙才是白垩纪时代最凶狠残暴的恐龙。

喋血黄昏

又到了"大个子"腱龙家族迁徙的日子了，它们像从前那样把整个家族分成三个队伍：为首的队伍包括腱龙家族的首领以及最强壮的腱龙，它们是家族中的向导；中间的队伍是一些成年的腱龙以及刚刚步入成年的腱龙；走在最后面，速度也最慢的则是家族中的"老弱病残"，它们只能以自己的速度缓慢行进着。

腱龙家族井然有序，沉默地行进着。然而它们的一举一动早已处于掠食者严密的监控中。这个可怕的掠食者并不是一个，而是一群，它们是由10来只恐爪龙组成的这一带臭名昭著的"猎食团伙"。它们体形不大，但凭借着尖牙利爪以及灵活的反应称霸一方。最可怕的是，它们有勇有谋，常常暗中观察猎物，等待时机，然后拉帮结伙地打"伏击"战。

这次，它们盯上了腱龙家族最后面的小队伍。它们知道那是几只不堪一击的家伙。天色渐渐暗了，前面的队伍也渐渐走远了。时机成熟了，因为黄昏光线暗淡，腱龙的视力不如白天；而恐爪龙却有着敏锐的夜视能力。所以，它们一直在等待着。

很快，太阳落山了，为首的恐爪龙发出了一个冲锋的手势，猎食团伙出动了。

它们就像一匹匹饿狼般冲进了腱龙队伍。那些呆头呆脑的腱龙被吓蒙了，情急中，只得四下逃窜。这时候，一只腿脚慢的年老腱龙落单了。它不幸地陷入了十几只恐爪龙的包围圈中。

恐爪龙像训练有素的猎鹰一般，从四面八方冲了上来：几只灵巧胆大的恐爪龙一跃而上，跳到了腱龙的背上，它们用前爪紧紧抓住腱龙的皮肤，又用后肢镰刀一般的指爪割划腱龙的皮肤。很快，腱龙的皮肤开始流血了。为了自保，腱龙只能不断地跳跃，企图将那些恐爪龙甩下去；同时，为了阻挡恐爪龙新一轮的进攻，它使劲地挥舞着粗壮的大尾巴，击打那些小"恶棍"。

天越来越黑了，搏斗还在继续着，腱龙退守到一块岩石下，以摆脱自己四面受敌的劣势。它拼命地用自己的身体和尾巴撞击那些小不点，想凭体重的优势压碎它们。但几只狡猾的恐爪龙竟然从岩石后面爬上去，避开了腱龙的视线。它们瞅准机会，猛地扑到腱龙的脖颈处，张大口咬断了腱龙脖子处的血管……

腱龙倒下了，斗争也停止了。而最美味的内脏自然被"猎食团伙"的老大所独享。大自然弱肉强食的法则就是如此残酷。

棘 龙

棘龙的名称含义为"有棘的蜥蜴"，属于兽脚类肉食性恐龙中最大的一个种类之一。棘龙体形庞大，体长 12~21 米，脊背上的"帆板"高约 1.65 米，臀高可达 2.7~4.8 米，重达 4~26 吨。棘龙的主要活跃地带为北非。

棘龙的帆状物是由非常高大的神经棘所构成

脑袋比较大

一口锋利的牙齿

前臂比后腿要小一些

棘龙是恐龙王国的霸主之一，它是目前已知的最大型肉食性恐龙

外形特征

棘龙的身长与暴龙相仿，但体重更重一些。棘龙有着长而扁的头颅骨，口鼻部是弯曲的。背部高耸着一块像"帆板"一样的骨质凸起。从这个相对脆弱的"帆板"判断的话，棘龙在与大型恐龙打斗时是没有优势的，因为"帆板"可能会被撞断。

颀长的头颅骨

棘龙的头颅骨外形颀长，可以称得上是肉食性恐龙中的"长脸怪龙"，其头颅骨可达 1.75 米。棘龙的口鼻部长满了圆锥状的牙齿，并且牙齿的外缘比较光滑。棘龙眼睛的前方有一个小型的凸起物。

棘龙的骨骼化石

背部"帆板"

棘龙背上长有高耸的扁状"帆板"，这是由脊椎骨脊突延长而成的，长度在 2 米左右。这些长棘之间由皮肤连结包裹着，高低不平的脊突形成了一个帆状物。对于这块"帆板"的功能，科学家们提出了若干种假设，如调节体温或是性别展示，甚至是威慑敌人。

四足行走

　　过去，人们曾以为棘龙是二足行走的动物，但根据最新的科研成果显示，棘龙是有可能以四足行走的。这是因为棘龙的近亲重爪龙便是拥有四足行走能力的。而棘龙则至少具备使用四足姿态蹲伏的条件。

凶猛的棘龙

棘龙还是捕鱼高手，它的前肢和爪子可以帮助自己捕猎

捕食的棘龙

棘龙化石骨架

擅长捕鱼

　　棘龙颀长的口腔中长有刀子一般锋利的牙齿，这使它们能够很容易地将猎物的脖子咬断。在两只健壮有力的前肢和锐利指爪的协助下，它们的捕猎能力会得到极致的发挥。因为具有半水生的习性，棘龙还是捕鱼的高手呢！

栖息环境

　　棘龙化石出土地遍布现在的北非地带，如白垩纪时期埃及地区的海岸与滩涂等地质环境中。而同样的生态环境中，还生存着其他种类的大型掠食者，如鲨齿龙、潮汐龙、埃及龙及腔鳄等动物。科学家认为，棘龙属于半水生动物，更喜欢水中环境。此种习惯也有助于避免与大型掠食者发生争夺猎物的矛盾。

如果棘龙"中暑"了怎么办?

恐龙是地球上有史以来体形最为庞大的物种,这是它们生存的优势,但过于庞大的体形以及天文数字般的体重也会给它们带来一些不便,至少它们不会是行动敏捷的"疾行者";因为它们运动得越多越快,体能的消耗就会越大,而对食物的需求也会越多;不断地寻找食物也是一个消耗体能的过程:如果跑得太多太快,体内所聚集的热量也会更多,甚至可以达到烧毁内脏的程度,就像人类的"中暑"一样。这个时候,它们就必须停下来歇歇脚,散散体热。因此,当感到体内过热时,那些大型恐龙便会采用快慢交替的方式运动,这样它们的体内就好像装着一个"变速器"似的,随时调节一下运动的速度。但这种方式未必能够持久,因此,恐龙又会进化出一些更为先进的办法,比如棘龙的"帆板"就是它们避暑的最佳工具。

棘龙的"帆板"就是冒出体外的背脊骨,在皮肤的包裹下形成的。当棘龙感觉体温过高时,它们就会将帆板侧对着太阳,散去体内多余的热量,保持体内的温度平衡。

不仅如此,"帆板"还有吸收热量的作用:天冷时,棘龙便将"帆板"面向阳光,以吸收热量,提高身体的温度。

自大的角鲨

天气晴朗，暖风轻拂过水面，一只刚刚饱餐过的棘龙正靠着一块大礁石休息。它微微眯着眼睛，目光懒散，似睡非睡。

它心里暗暗地琢磨着：后背上的"帆板"真碍事儿，不然我一定能结结实实地靠在大礁石上睡一觉——至少要睡到太阳落山——躲过正午灼热的阳光也好呀。

就在棘龙即将陷入沉睡的时候，背后的水面竟传来一阵动荡，还伴随着"哗啦、哗啦"的声响……但棘龙真的困了，它想当然地认为是那些上了岁数的老海龟要上岸了——它才懒得理那些"慢性子"呢！

可这声音竟然越来越大，水波也越来越大了。睡不成了，棘龙决心回头看看，水里到底发生了什么。

棘龙昂起头，那嘴巴自然也朝上撅了起来。原来是两只角鲨（没想到角鲨竟是如此古老的生物吧！）——看它们无所畏惧的样子，一定是为了追逐猎物而来。棘龙眯缝着眼睛看那两只长长的角鲨，只见它俩家伙炫耀似的挺直了自己坚硬的背鳍一路向前，张大着嘴巴，露出锯子一般锋利的獠牙。它们的嘴巴伸向哪里，哪里的鱼类就像被施了魔法一样，乖乖地游进它们的口中。很快，这两只角鲨吃饱了。它们不再快速地摆动尾鳍，而是慢慢地游弋停靠在浅滩上。

它们美滋滋地四下张望着，仿佛想看看有没有谁目睹它们的英勇事迹。其中一只角鲨忽然注意到棘龙了，因为棘龙那张大长嘴实在过于突出了。它小心翼翼地观察了一会儿，便哈哈大笑起来，它对着同伴大声喊道："快看礁石后面，那有个丑八怪，哈哈哈！"另一只角鲨急忙抬头看，"哈哈哈，你看它的皮肤好脏呀，一点不像我们这么光滑，上面都是什么呀，麻麻的；还有那背上长的什么东西，真是丑死了。"

这两个无知自大的角鲨，仗着自己有同伴，竟丝毫不把礁石后面的棘龙放在眼里。它们只见到了棘龙的脑袋和蹲伏着的身躯，便不知天高地厚起来，它们不停地吹嘘自己的本领，还说自己的背鳍那么坚硬，谁都不敢将它们吞下，就算吞下了，也得被扎上，还得吐出来。但它们全然没有注意到，站起来的棘龙是多么的庞大。

过了一会儿，棘龙实在被这俩家伙吵得不行，站起来，一脚踩死了一个，又用前肢将它们一个一个地抓起来吞进了腹中。真是不作死就不会死啊！

鲨齿龙

鲨齿龙的名称含义为"像噬人鲨的蜥蜴"，从这个解释，我们便能推测出，鲨齿龙是一种凶猛残暴的肉食性恐龙。鲨齿龙有着健硕的体形，它是目前发现的最大的食肉恐龙之一，同时也是最大的兽脚亚目恐龙之一。

正在行走的鲨齿龙

头颅骨较长

鲨齿龙属于凶猛的肉食性恐龙，有着像鳄鱼一样的大嘴，上下颌上的牙齿如锯齿一般排列着，有的牙齿长度可达 26 厘米；古生物学家曾经认为鲨齿龙拥有兽脚亚目恐龙中最长的头颅骨，但这种推断随后又被推翻；也有人认为撒哈拉鲨齿龙的头颅骨的长度约为 1.6 米。

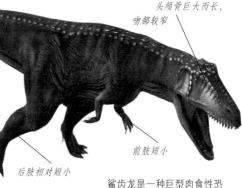

头颅骨巨大而长、吻部较窄

前肢短小

后肢相对短小

鲨齿龙是一种巨型肉食性恐龙，长相凶残、性格残暴

体形特征

鲨齿龙长到成年时，体长最长可达到 14.6 米，体重为 6~12 吨。这种体形超过了同时代的很多恐龙。在外形上，鲨齿龙比较突出的特点是长着类似鲨鱼的极其锋利的牙齿、如牛眼般巨大的眶前孔，躯干瘦。

呈香蕉形的脑袋

像鸟喙一样的大嘴

牙齿像现在的鲨鱼一样，牙齿较薄并呈三角形

大脑不发达

鲨齿龙有很大的脑袋，头骨也比一般的恐龙大很多；但与同等重量级别的霸王龙相比，鲨齿龙的大脑不足霸王龙大脑的一半大小。另外，鲨齿龙科的撒哈拉鲨齿龙的颅腔及内耳构造与鳄鱼十分相像。大脑与脑部比例与爬行动物相似。

野蛮捕猎

　　鲨齿龙性格残暴，喜食肉类。每当猎物出现时，它们便会毫不犹豫地发动进攻，利用自己庞大的身躯优势，以粗壮有力的后肢发力，猛然撞向猎物；与此同时，它挥舞着灵活的前肢抓取猎物，再张开自己的大嘴巴，用力撕咬；很快，猎物便会被蚕食一空。

鲨齿龙正在捕猎

头骨虽然大，但它的大脑只有霸王龙的大脑一半那么大

世界第四重

　　从体长上来比较的话，鲨齿龙要比南方巨兽龙和棘龙逊色一些，只能算是世界第三长的肉食性恐龙，但要比马普龙和霸王龙长很多。从体重上比较的话，鲨齿龙则要排在第4名的位置，棘龙、最大的南方巨兽龙以及最大的霸王龙分别占据了兽脚类恐龙体重的前三甲位置。

伺机而动的鲨齿龙

鲨齿龙头骨化石

珍贵的化石

　　20世纪30年代初，古生物学家曾发现了一些十分珍贵的鲨齿龙牙齿化石，但不幸的是，在第二次世界大战期间，纳粹空军肆意发动空袭，这些化石没能幸免于难。直到半个世纪后，美国科学家才在撒哈拉大沙漠中偶然发掘出鲨齿龙头骨化石，可谓十分珍贵。

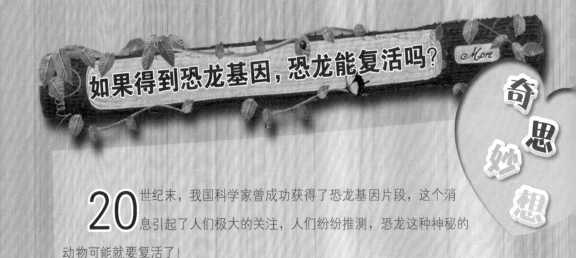

如果得到恐龙基因，恐龙能复活吗？

20世纪末，我国科学家曾成功获得了恐龙基因片段，这个消息引起了人们极大的关注，人们纷纷推测，恐龙这种神秘的动物可能就要复活了！

然而，要让恐龙"再生"并非那么容易。任何一种生物的基因数都是成千上万的，我们要想复活恐龙，至少要明白它的基因组成规律。而我们对于人类自身的基因密码尚未完全破译，要去推测已经灭绝数千万年的远古生物的基因更是难上加难了。

即便我们真的掌握了恐龙的全部基因，"再造"恐龙也绝非易事。因为基因要想转变为每一个具体的器官，如鼻子、眼睛等，还要具备极为复杂的发育条件。而这个过程还未被人类所掌握，所以，恐龙复活不过是一个美好的科学幻想而已。

但即便是这样，对于恐龙基因片段的研究依然有十分积极的意义。

在科学技术并不发达的过去，人们对于古生物的研究主要限于形态方面，比如通过骨骼化石来推断生物生前的体形、大小。但引入了基因的概念后，科学家便能从生命起源的角度探究古生物。例如，当我们获得了恐龙皮肤的基因，便能知道恐龙的肤色；通过恐龙大脑的基因，我们可以测算出恐龙大脑的形状。这有利于我们探究恐龙这种生物的起源与进化的奥秘，甚至，我们能发现恐龙灭绝的端倪。

牛龙之死

残暴的鲨齿龙在林子里有着牢不可破的霸主地位。但有两只牛龙很不服气，它们觉得自己同样有力气，体格也强壮，怎么能臣服于那个丑陋的笨家伙呢？于是，它们决心向鲨齿龙发起挑战。但它们约定要一个一个地单挑，因为它们也有自己的私心——谁赢了，谁就是这一片的新霸主了，毕竟，一山不容二虎啊！

当它们来到鲨齿龙面前时，凶恶的鲨齿龙正自顾自地大口地吃着自己的早餐——根本没正眼瞧牛龙。鲨齿龙明白自己的地位，它连棘龙都不放在眼里，还会怕这两个家伙？

牛龙感觉到自己被无视了，气得大吼起来。鲨齿龙嚼完了最后一口肉，抬起头来，以更大的声音吼了一声。它发怒了——"你们两个居然敢打扰我吃早餐。说吧，你们是来干什么的？"鲨齿龙气鼓鼓地问道。

牛龙也不退缩，大声回应说："你老了，我们要当这林子的霸主。"鲨齿龙听了这话，冷笑着说："那你们就来吧，只要能把我打败，霸主的位子就是你们的了！"

它本以为两只牛龙会一起进攻，没想到它们居然只有一个先冲了上来。那牛龙爆发出巨大的力量，冲着鲨齿龙的脖子咬来。鲨齿毫不畏惧地用头抵挡牛龙的进攻。两只撞在一起了，只见鲨齿龙脖子一仰，竟接着它张开大口，露出了锋利的獠牙，咬去。

鲨齿龙和牛龙的交锋，使大地都被惊动了，连一只棘龙也被吓了一跳，在树后观看。

几个回合下来，那只牛龙便力不从心了，节节败退，鲨齿龙瞅准了时间用头奋力朝牛龙顶去，鲜血从牛龙身体里喷涌而出，接着牛龙轰然倒地而亡。打红了眼的鲨齿龙越战越勇，它咆哮着向另一只牛龙狂奔而去。剩下的牛龙感到了逼近的死亡气息，想转身逃走。但已没有退路，它只好硬着头皮迎战鲨齿龙，然而，鲨齿龙速度太快了，它竟然一头撞飞了那只不知好歹的牛龙。牛龙落在地上时，身体发出"咔嚓咔嚓"的声音——看来它的肋骨已经断了不少，内脏应该也被震得脱落了。倒地的牛龙挣扎了几下，便咽了气。

这一场搏斗被棘龙看在眼里，它摇着头叹着气说道："真是两只愚蠢的牛龙。要是它们齐心协力的话，或许还有获胜的机会呢！"

经过这场搏斗，鲨齿龙的林中霸主地位更稳固了。

龙厚重的恐龙头把牛龙推到了一边，向牛龙最薄弱的脖子处发生了摇晃，附近的恐龙都它连水都不喝了，静静地躲

南方巨兽龙

南方巨兽龙捕猎

白垩纪末期，那时候，地球的环境经历了翻天覆地的变化，一切都是欣欣向荣的气派，植物更加茂盛，与如今的环境更为接近了。南方巨兽龙便是在这种环境中生存的一种体形巨大的肉食性恐龙。

南美洲王者

南方巨兽龙活跃在白垩纪时期的南美洲阿根廷地区，体长可达 16.3 米，体重最大可达 14.2 吨。它是南美洲最大的肉食性恐龙，体形超过最大的霸王龙、鲨齿龙等。南方巨兽龙拥有超强的咬合力和极快的撕咬速度，牙齿锋利，无坚不摧；在咬合力上，它仅次于霸王龙，是恐龙王国的亚军。

牙齿比较薄，如锐利的餐刀一样，适合切割

前肢短小且灵活，前掌上生有三根锋利的指爪

后肢强壮有力

南方巨兽龙是侏罗纪最著名的掠食恐龙异特龙的后裔

进化的赢家

南方巨兽龙曾是地球上的掠食强者，然而它们的猎物也不是平庸之辈，那是一种最庞大的植食性恐龙。为了捕捉到更强大的猎物，南方巨兽龙必须让自己变得更为强大。它们进化出坚硬的骨骼和极富韧性的肌肉群以使自己变得更为强大，长长的尾巴是它们高速奔跑时的"平衡舵"。一旦抓住猎物，它们便会毫不犹豫地快速撕咬，以便速战速决。

南方巨兽龙骨骼

外部特征

南方巨兽龙与鲨齿龙存在亲缘关系。作为肉食性恐龙中的体重王者，南方巨兽龙有着厚重的头部。南方巨兽龙习惯以后肢行走，同时，依靠长长的尾巴保持平衡。

陆地动物里咬合力仅次于霸王龙，是咬力第二大的陆地动物

南方巨兽龙的头骨

超强的咬合力

南方巨兽龙的牙齿虽然薄，但却十分锋利，非常适合切割肉类。据古生物学家的考察推断，当植食性恐龙遭遇南方巨兽龙的攻击时，只要稍不留神，就会被它咬中；当它的血盆大口合上时，猎物便会顷刻毙命。

聪明的大"块头"

过去，古生物学家一致认为体形巨大的暴龙是很笨的恐龙，因此，与暴龙处于同一个重量级的南方巨兽龙自然也不会很聪明。但最新的证据表明，南方巨兽龙并不笨，它们的头脑中甚至进化出了群居的先进理念。它们还懂得互相切磋以提升捕猎的技能和效率。

南方巨兽龙

如果恐龙家族举行长跑赛，谁能夺冠？

在恐龙家族中有一种叫作似鸵龙的恐龙，它们被称为"鸵鸟的模仿者"。这种活跃于白垩纪晚期北美大陆的恐龙有着与现代鸵鸟类似的奔跑速度，时速为 50~80 千米。更令人惊奇的是，它们可以维持这个速度奔跑半小时以上，因此，即使是与短跑能手美颌龙比赛，似鸵龙也能凭借良好的耐力获胜，这绝对是恐龙家族中的"长跑冠军"。

根据化石推断，它们的体长约为 4.3 米，高约 3 米，体重可达 150 千克；头部较大，嘴部发育为角质喙状；颅骨结构轻巧且有大型孔洞；眼眶很大，说明它们生有一双大眼，且视力良好；颈部长而灵活，这种外形使它们具有极高的灵活性、敏锐的感知力和反应速度。

似鸵龙的前肢很长，爪子锋利；后肢骨骼轻盈强健，并且小腿骨比股骨长。身后拖着一条粗长的尾巴，很不灵活，但这是它们高速奔跑时天然的平衡器官。脚掌狭窄，具有极强的抓地能力，不易滑倒。

综上所述，良好的视野、轻巧的身躯，极强的平衡能力、利于奔跑的下肢构造，这一切都是一名"长跑健将"所应具备的素质。

掠食王者出击

落日的余晖洒在湖面上，湖面上泛起道道金光；鱼儿们竞相跃出水面，想要呼吸一下新鲜的空气。

不过，湖边早就有一只重爪龙守候着了。它手掌上伸出的钩子好像是专门为捕鱼而生的——这不，才一会儿的工夫，它的手上就已经攥着两条大鱼了。重爪龙的心情好极了，它后退几步，准备蹲下来静静地享用自己的"晚餐"。

晚餐还没开始，重爪龙就听到后面传来了一阵地动山摇的晃动声，它回头一看，原来是一只体形十分庞大的南方巨兽龙正向它走来。看那副大摇大摆的样子，就知道南方巨兽龙在这一带的地位了——"看来，它是要抢我的鱼啊！"重爪龙小声嘀咕着。

"个子大就了不起吗？我今天就要挑战你！"重爪龙也不知哪来的勇气，竟然一跃而起，气鼓鼓地甩掉两条大鱼，摆出了一副战斗的姿态。

南方巨兽龙也没有料到眼前这个家伙站起来居然有这么高，但它向来称王称霸惯了，还没吃过败仗呢！南方巨兽龙决心跟重爪龙斗一斗。

距离近了，南方巨兽龙张着大口嚎叫着向重爪龙咬去；重爪龙却也不后退，只是稍一躲闪，同时伸出了自己锋利的大爪子。"啪"的一声，那巨兽龙的脸上。南方巨兽龙被倒，脸上鲜血直流。

这下，南方巨兽龙见识到南方巨兽龙站起来，又后退几龙的肚子，这一下，重爪龙被顶到了一棵大树上，实在不能

可重爪龙依然不服输，它眼前的大家伙了。南方巨兽龙歇一口咬断了重爪龙的脖子。

爪子便抽到了南方打了一个趔趄，差点摔

重爪龙的实力了，它不敢轻敌。步，然后一路低头猛地顶住重爪顶出好远——直到重爪龙的后背被前进了，南方巨兽龙才停下。

张牙舞爪地反抗着，但是根本伤不到了一下，不知是打够了，还是发怒了，

这下，重爪龙不再反抗了。它成了南方巨兽龙的晚餐，而那两条鱼，则变成了饭前的小菜，被南方巨兽龙一口吞掉了。

霸王龙

霸王龙生存于白垩纪末期的北美洲，它是最晚出现的恐龙之一，但却是最著名的食肉恐龙。体形粗壮，为肉食性动物之最，具有超强的咬合能力。霸王龙体长为 11.5~14.6 米，体重最重可达 8 吨，高可达 6 米。

尾巴可以帮助身体保持平衡

下颌强壮有力，口中布满长达 30 厘米的獠牙，露出部分则有 15 厘米

前肢短小，没什么杀伤力

后肢粗壮有力，脚掌生有锋利趾爪

生活环境

霸王龙活跃的时代，已是开花植物所主宰的时代，并且现代的各科植物早已陆续出现。从现今出土的叶片化石来看，其中 90% 属于阔叶植物。因此，霸王龙的生活环境并没有想象中那般奇特多姿。

残暴的蜥蜴之王

霸王龙有着"残暴的蜥蜴之王"的称号，体格健硕，光是头骨便可达 1.5 米长；霸王龙牙齿边缘呈锯齿状，便于撕咬动物。

雌强雄弱

通过对出土的霸王龙化石的观察，科学家发现，霸王龙体格分为健壮型和纤细型两种形态。经过大量的考察，科学家总结出一个重要规律，这是性别差异所导致的。健壮型属于雌性霸王龙，纤细型则为雄性霸王龙。由此可见，在霸王龙家族中，存在着雌强雄弱的性别规律。

咬合力超强

霸王龙的头颅骨轮廓决定了其上颌宽下颌窄的外形特点，这会导致它在咬合时不能使出上下相等的力量，因而具备了咬断骨骼的能力。另外，霸王龙的圆锥状牙齿使其更易压碎骨头。这暗示着，霸王龙有着与众不同的猎食方式。

头长而窄，两颊肌肉发达

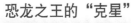

捕猎的霸王龙

奔跑健将

霸王龙善于奔跑，据古生物学家推算，霸王龙在年幼时便能达到 72 千米 / 时的速度；到了成年以后，它们更能跑出 18~39 千米 / 时的速度。这意味着，只要是被霸王龙盯上的猎物，基本就没有逃脱的可能了。

霸王龙的骨骼化石

恐龙之王的"克星"

霸王龙虽然强大有力，是食物链顶端的王者，但它也有"克星"；更奇怪的是，它的克星竟然是不足 4 米的恐爪龙。这是因为，恐爪龙的爪子实在尖锐，连霸王龙也经不起它的抓挠撕扯。

在食肉恐龙的世界中，存在着一个基本的规律：它们会选择那些体形不超过自己的猎物为食。但霸王龙的最大咬合力可达到 12 万牛顿左右。凭借着强大的咬合力，霸王龙向来是所向无敌的。

而霸王龙最喜欢的猎物便是体格巨大的三角龙。三角龙喜食枝叶，属植食性恐龙。当这两种恐龙遭遇时，一场恶战便在所难免。而结果自然在霸王龙的掌控之中。当三角龙战败倒地时，霸王龙的美餐之旅便开始了。这时候的霸王龙会立即放松下来，调整姿势，张开血盆大口紧紧咬住三角龙盔甲的边缘。接着，它会向后退步，用力拉扯三角龙的头部，以便拽下它的脸部肌肉；接着，霸王龙又使劲撕扯三角龙的头部，以享用最美味营养的颈部肌肉。而科学家也曾证实，霸王龙十分喜欢撕扯三角龙的面部肌肉。

当最具活力的面部和颈部肌肉被吞食一空后，霸王龙的指爪便会伸向三角龙的腹部，开膛破肚后，它会最先掏出鲜嫩的肝脏，这是富含铁元素的大块器官，既营养又美味。

这时，若是它仍然没有吃饱，它又会吞食三角龙的腹部肌肉，直到心满意足为止。

贪婪的矮暴龙

霸王龙和矮暴龙两家既是亲戚又是邻居，相处得很好。

一天，霸王龙妈妈要出门捕猎，只留两只未成年的小霸王龙在家等着。霸王龙妈妈担心有其他食肉恐龙来猎食自己的孩子，还特意来到矮暴龙家里打招呼，希望矮暴龙妈妈能够帮忙照看一下自己的孩子。

矮暴龙妈妈一口答应下来，让霸王龙妈妈放心地出门捕猎去。可霸王龙妈妈走了之后，矮暴龙妈妈竟动起了歪心思："既然霸王龙家里只剩两只未成年的小家伙，不如趁此机会杀掉它们，再夺取它们的领地。这样自己家的地盘不就更大了吗？"想到这，它便出门，向着霸王龙家走去。

没走多久，它就闻到了一股刺鼻的味道。它知道这是霸王龙妈妈留下的气味，用以警告其他恐龙的。但它却径直走到了霸王龙一家的地盘上。或许是它满心的杀气已经无法掩饰了，机灵的小霸王龙立即感受到矮暴龙"来者不善"。

兄弟俩立即警觉起来，它们有些恐惧，来回地走着，它们学着妈妈的样子，不断嘶吼着，向对方展示自己的獠牙，希望吓跑敌人。此时，它们多么希望妈妈能够听到自己的嘶吼声。可妈妈早已走远了。它们只能独自迎战了。

矮暴龙知道自己的计划败露了，虽然对手是未成年的孩子，但是它们便摆出了战斗的姿态：的实力也不容小觑。矮暴龙决心利用自己体形以及耐力上的优势拖垮两个"晚辈"，它不停地绕着圈，做出随时要进攻的动作，两只小霸王龙不得不背靠背四下绕圈地应付着。就这样绕了几圈，体力消耗了不少，矮暴龙决心发起进攻了。它猛地扑上去，两个小家伙只能仓促应战，可它们毕竟还小，经验不足，而且体力上还不是成年矮暴龙的对手，很快兄弟俩就相继负伤了。

但在搏斗的过程中，小霸王龙保护领地的心情更迫切了，它们拼命地抵抗着，直到听到妈妈的吼叫声。妈妈回来了！

霸王龙妈妈看到自己的孩子受伤了，毫不犹豫地扑向了矮暴龙。矮暴龙自然不是霸王龙妈妈的对手，只听一声脆响，它的脖子在霸王龙妈妈的利齿下生生断裂。两只小霸王龙看着矮暴龙的尸体，双眼发出了贪婪的光……

肿头龙

肿头龙生存于白垩纪晚期的北半球，各个主要大陆上都有分布；其外形上最大的特征是头顶肿大，好像生着一个巨瘤。肿头龙体长约为 5 米，重约 1.5 吨，属于二足恐龙，是鸟脚类恐龙的一种。它们最喜欢的生存环境是内陆平原和沙漠。

恐龙中的丑八怪——"肿头龙"

脑袋厚厚的，周围是成行成列的小瘤和小棘，很像肿瘤

颈部粗短，弯曲成 S 形或是 U 形

嘴呈尖角状，牙齿很小

前肢短小

后腿粗壮有力，主要用于行走

尾巴由肌腱固定，比较坚硬

头颅特征

根据现有的肿头龙头骨化石判断，肿头龙颅顶厚度可达 25 厘米，能很好地保护大脑。颅顶后方生有骨质瘤块，口鼻部生有向上的短骨质角——这是一种钝化的骨质凸起。肿头龙的头颅骨上有大型的、朝向前方的圆眼窝，这说明它们的视力很好。

推测体形

古生物学家尚未发现完整的肿头龙骨骼化石，因而对于其体形的判断仅从其他厚头龙下目恐龙推测而来。肿头龙身长约为 5 米，颈部短粗，前肢短小、后肢粗长，体形较为庞大，尾巴由骨化肌腱支撑，故而灵活性较差。

如果威吓无效，肿头龙会弯下头部，用铁头功撞击对手

肿头龙的骨骼化石

集群而居

　　肿头龙是一种胆子很小，又没有什么有力的抵御武器的恐龙，所以它们喜欢集群而居，过着群体性生活。它们的优势在于敏锐的嗅觉和视觉，每当有捕猎者出现时，它们会迅速逃离。

肿头龙的头部骨骼看上去像是戴了一顶高高的安全帽一样

肿头龙是颅顶最大的恐龙

厚度可达25厘米，是人类头盖骨厚度的50倍，可安全地保护其脑部

御敌的肿头龙

御敌方式

　　肿头龙的头骨很厚，而且部分孔洞是闭合的，形成了一个厚实的锤子，这似乎是它们唯一拿得出手的防御武器。当肉食动物紧追不舍时，它们也会掉头冲上去，以头骨顶撞捕猎者。

准备进攻的肿头龙

肿头龙的食谱

　　对于肿头龙的饮食喜好，科学家尚无定论。但从它们小而锐利的牙齿推断，它们不善于咀嚼坚韧的植物，所以，它们的食谱上可能包括的食物有：植物种子、果实，以及柔软的嫩叶，也许一些小昆虫也能成为它们的"盘中餐"。

如果肿头龙家族选头领，会怎样选？

奇思
妙想

More

我们都知道，头盖骨是保护人类大脑的重要屏障，它的厚度大约有1厘米。但肿头龙的头盖骨的厚度竟然可以达到25厘米。然而它们的大脑似乎只有鸡蛋般大小，为什么需要这么厚的头盖骨来保护呢？

这是因为，它们的头盖骨不仅是保护大脑的屏障，更是保障它们生存的至关重要的铠甲。肿头龙是群居恐龙，在一个群体中，必然会有领头者支配它们的群体生活，保护家族的安危，又享有任意挑选雌性肿头龙繁殖交配的权利。所以，任何一个身强力壮的雄性肿头龙都希望自己能够担当这个举足轻重的角色。而当选头领的前提便是取得决斗的胜利。

肿头龙决斗的武器就是它们厚重的头盖骨。当决斗开始时，两只肿头龙会头对头站立，它们气势汹汹地嘶吼着，快速助跑以增加各自的力量，以自己的头盖骨撞击对方的头盖骨。它们一次又一次地向对方发起冲击，直到有一方败下阵来，获胜者自然成为团队的头领。

这种聚力相斗的方式在一代又一代的肿头龙群体中流传着，甚至也遗留到现今的动物种群中。比如，山羊群中就已然保留着此种方式来选出团队中的头领。

116

不自量力的肿头龙

荒漠上生存着一个古老而庞大的肿头龙家族，它们已经在这片荒漠上生存很久了。这个肿头龙家族的首领是一只上了年纪的肿头龙，大伙都十分尊敬它。因为它总能公平处事，还有本事，总能在危机时刻带领大伙躲避其他恐龙的侵袭，所以，它在族群中的威信一直很高。

不过，最近的形势似乎有些变化——肿头龙家族中冒出了一批年轻力壮的肿头龙，它们自恃身强体壮，竟然干起了拉帮结伙欺负同族的勾当。大伙都恨极了它们，便把它们的恶行报告给老头领。

可那帮家伙还真是嚣张——见了老头领，也不认错，还狂妄地挑衅说："你这个老家伙，早该把位置让给我们了！"大伙听了这话都气坏了，它们都希望老头领灭一灭它们的嚣张气焰。不过老头领却不慌不忙地说道："没错，头领的位置早晚要让给年轻一辈，但你们要选出一个代表，跟我比试；谁能胜过我，我马上让出头领的位置。你们谁敢来比试？"

听了这话，那几个挑事的肿头龙立马跃跃欲试。一番商量过后，它们派出了最为强壮有力的代表出来应战。

决斗就在一块空地上进行。那个年轻的肿头龙果然很强壮——连那头盖骨似乎也更为厚实。可老头领丝毫不惧怕，它从容地站到了年轻挑战者的对面。冷不丁发出一阵怒吼，吓了大伙一跳——看来，这是一场恶战。

年轻的肿头龙沉不住气，立即伸出自己的大脑门，向着老头领奔来。可无论它怎样用力，它总是撞不到老头领——老头领总有办法灵巧地躲过它的攻击。几次冲锋之后，年轻的肿头龙并没有占到便宜，开始泄气了，连冲锋都有气无力的了。

久经沙场的老头领觉得时机成熟了，便冷不丁发起了攻击，它对准挑战者的头骨，用力地撞上去，只是一下子，就将有气无力的挑战者撞倒了。年轻的挑战者被老头领的"稳、准、狠"的气势吓得连反击的勇气都没有了。

看到老头领获胜了，围观的恐龙发出了阵阵的欢呼声。老头领又回头看着那个年轻的肿头龙，示意它们也可以来挑战，可那几个家伙都低着头，看也不敢看它。

这以后的好长一段时间，再也没有肿头龙敢挑战老头领的威严了。

戟 龙

戟龙，是生存于白垩纪晚期的一种植食性恐龙；又名刺盾角龙，希腊名称意指"有尖刺的蜥蜴"，其得名原因为头上的数个尖角。戟龙的头盾延伸出 6 个长角，两颊上也长有小角，鼻部延伸出一个长达 60 厘米的尖角。

戟龙是植食性恐龙

外形特征

戟龙体形较为庞大，身长约为 5.5 米，高约 1.8 米，体重可达 3 吨。戟龙身体笨重，四肢短小，尾巴也不长。戟龙有着喙状嘴；从平滑的颊齿判断，它们喜食草类。戟龙喜欢群居生活，也有与其他植食性恐龙共栖的习性，逐水草而居。

带刺的颈盾不仅可以遮挡保护自己，也减轻了头部的重量，使头部运动灵活

戟龙最主要的特征，就是颈盾边缘长着一圈剑一样的骨棘

戟龙头上的尖角可以御敌

头上尖角

戟龙的头颅巨大，鼻孔也十分粗大，鼻部高耸着一个尖角；头盾上长有 4~6 个尖角，尖角的数量因物种而有所不同。头盾上有 4 个跟鼻部等长的尖角，头盾下缘则分布着较短小的尖角。戟龙头盾上有大型窝窗，眼睛上方有稍稍凸起的眉角。

姿势假设

过去，人们对于戟龙四肢的姿势曾有过两种主要的假设，一种是，前肢直立于身体之下；另一种则认为，戟龙的前肢是往身体两侧伸展的；而最新的观点认为，戟龙可能采取蹲伏姿势行进。

戟龙的尾巴相当短

觅食方式

戟龙属于植食性恐龙，然而因为颈部短粗，它们的头部不能大幅度抬起，因而它们可能主要以低矮处的植被为食。但它们也可能利用头角或是身体的力量，将茂密的大树撞倒，以获取高处的食物。

戟龙在干旱时期聚集到水坑旁

悠闲的戟龙

牙齿更新

戟龙的牙齿排列成齿系，并具有随时更新换代的特性，具体方式为，当上方的牙齿老化时，下方自然生长出年轻的牙齿来取代掉了的老化牙齿。而这一过程将一直持续到它们死亡为止。

戟龙的骨骼化石

防御方式

戟龙性格温和，但也具有极强的防御和进攻能力。它那满是尖角的头盾既是吓跑敌人的"匕首"，又是进攻时的"长矛"。当有敌人出现时，即使是陆地王者霸王龙，戟龙也丝毫不会退缩。

群居的戟龙

如果没有恐龙，会有现代鸟类吗？

关于鸟类起源于恐龙的假说，科学界已经流传了很久，也争论了很久，然而随着越来越多的化石的出土，人们也越来越信服一种观点：鸟类起源于恐龙。

事实上，最早提出鸟类起源于恐龙学说的科学家是赫胥黎，不过他的学说一经发表，就遭到了不少人的反对。但他的观点得到了后来的学者奥斯特姆的支持。1973年，奥斯特姆发表了一系列文章，以令人信服的证据和分析论证了鸟类起源于兽脚类恐龙的观点。奥斯特姆通过观察发现，鸟类与虚骨龙类在身体骨骼上具有极高的相似性。后来，又有科学家从头骨特征上找到了支持兽脚类恐龙起源假说的新证据。这样，奥斯特姆的支持者日益增多。

到了20世纪60年代，古生物学界盛行的分支系统学分类学派的某些观点又再次印证了鸟类起源于兽脚类恐龙的假说。鸟类是恐龙的后裔也就得到了进一步的流传。

到20世纪90年代，中国出土了一只带毛的恐龙化石，这就是被命名为中华龙鸟的恐龙，它是第一件皮肤印迹上有羽毛状衍生物的兽脚类恐龙标本。古生物学家认为，这种羽毛状的衍生物是真正羽毛形成的前奏，它的发现给鸟类起源于兽脚类恐龙的理论提供了更有力的事实证据。接着，中国古生物学家又在同一地区发现了更多有说服力的化石标本，如北票龙和千禧中国鸟龙等。这样一来，鸟类起源于兽脚类恐龙的说法就更令人信服了。

幸运的戟龙

丛林中，一只年轻的戟龙正跟在长辈的后面觅食。这是它第一次来到这片茂密的丛林中，它感觉兴奋极了。它专心地品尝着每一种能够够到的叶子；过了一会儿，它甚至学起了长辈的样子——用头顶撞一棵很粗的大树——它想尝尝树梢上的叶子是什么味道的。不过它还是太年轻了，那粗壮的大树连晃也没晃一下。

它连着试了几次，都没成功，便有些沮丧。"还是看看爸爸是怎么用力的吧！"这样琢磨着，戟龙便抬头寻找爸爸的身影——可是四周静悄悄的，"大伙都跑哪去啦？一定是我刚才太专心了。"戟龙只好加快脚步追赶同伴们。

可它不知道的是，一只躲在草丛后面的驰龙已经潜伏好久了。驰龙看出这是一只年轻的戟龙，力量还不够大，现在又正在焦急地寻找同伴，便认为自己的机会来了。忽然，它一跃而出，向戟龙扑了过去。戟龙被突然蹿出的驰龙吓坏了，一时间竟不知该怎么办。

两只恐龙对视了一下，戟龙忽然想到自己头上的尖角，便低下头晃晃自己的尖角，好像是在警告驰龙："我可不怕你！"但驰龙早已判断出它的实力了，它根本不在意戟龙的来回踱步，想找好角度，避开戟龙的尖角，然后攻击它的颈部——只要咬住了脖子，它可就没命了。

驰龙狡猾极了，它左右晃动，但又不是真的出招。几个回合下来，年轻的戟龙有些烦躁了，它大声嘶吼，想通知同伴来救它。就在戟龙摇头晃脑地左顾右盼时，驰龙出招了，它亮出了巨齿，向戟龙扑过来。

一声哀嚎过后，战斗结束了——倒地的居然是驰龙，戟龙看着眼前的一幕，只觉腿脚发软，但当它反应过来后，急忙转身逃走了。

原来，戟龙命悬一线的时候，一只霸王龙从旁边蹿出，一口咬住了驰龙。它是来找驰龙报仇的，因为可恶的驰龙刚偷走了霸王龙的蛋。

可是这样的幸运不是每次都有的！

镰刀龙

镰刀龙生活在白垩纪时期的蒙古高原地带，是一种植食性恐龙。它最显著的标志就是前肢上长有极长的指爪，其长度可达 75 厘米。这是它们觅食和防御的有力武器。镰刀龙体态臃肿，身上也可能覆盖着羽毛，但它们不具备飞行的能力。

在镰刀龙超科中，镰刀龙属于体形庞大的恐龙

嘴部宽广————

体形庞大，体长可达 10 米

尾巴不灵活，因为它们的尾骨上长有骨棒的支撑物

镰刀龙身高为 6 米，重达 6~7 吨

前臂可达 2.5 米，而钩爪的长度可达 75 厘米，这几乎与镰刀等长

小镰刀龙

发现历史

镰刀龙的第一个化石的出土地位于外蒙古，那时候，人们曾把它误认为是鸟龟类爬行动物的化石，但随着越来越多的肋骨、前肢及后肢等化石的出土，人们最终将其组合成一种新的恐龙骨骼，这便是镰刀龙骨骼化石。

二足行走

曾有科学家提出，镰刀龙的前后肢长度相近，故而行走方式类似大猩猩；但这种观点不被认可，更多的科学家相信，镰刀龙是二足行走的恐龙，因为它们的前肢不具有承重性，长指爪又很碍事。

前爪的结构不适合支撑体重，爪也比较碍事。因此，很多学者认为镰刀龙的行走方式是二足行走

植食性恐龙

关于镰刀龙的食性一直是古生物学家争论不休的问题。一种主流的观点认为,镰刀龙以草类为食,而它们的大型指爪会将掠取的食物塞入口中;另一种假设认为,镰刀龙喜食白蚁,指爪则用于挖开白蚁窝。但从它们的嘴形和牙齿形状判断,它们应该是植食性动物。

镰刀龙长着最长的爪子,但它是植食性恐龙

镰刀龙向同伴展示它的长爪子

指爪功能

镰刀龙的指爪除了帮助进食以外,还应兼具抵御袭击的作用:当敌人出现时,它们会展示锋利的指爪,起到吓退敌人的作用;另外,物种内的决斗也会让它们使出指爪,而物种内的打斗则主要因求偶或是争夺领地而起。

镰刀龙的长爪子主要用于自卫或者争夺配偶

镰刀龙的爪子化石

生存环境

镰刀龙生活在白垩纪时期的戈壁滩和荒漠地带,但当时的蒙古高原并不是现在的模样,那时候气候湿润,到处覆盖着繁茂的植被,沟渠纵横,水草丰美。

镰刀龙遇险

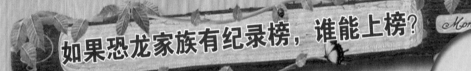

如果恐龙家族有纪录榜，谁能上榜？

More

奇思妙想

恐龙曾是远古地球的主宰者，它们是一个十分庞大的族群，进化出了多种多样的恐龙种类。而它们也是各怀绝技的。

身体最高的恐龙——迷惑龙，身长可超30米，身高有6层楼那么高。不过它们是温和的植食性恐龙。

尾巴最长的恐龙——梁龙。梁龙是地球上有史以来最长的动物，它们头尾很长，躯干很短，因此体重相对较轻。梁龙全长可超过26米，尾巴如鞭子一样拖在身后，这也是它抵御侵害的武器。

脖子最长的恐龙——马门溪龙。马门溪龙身体长度为20多米，其中一半的长度被脖子所占据。它们站在地面上的话，可以轻易将头探入3层楼的房间内。

最小的恐龙——细颚龙，只有一只鸡那样大，有些种类的体长仅有70厘米。

最丑陋的恐龙——肿头龙。肿头龙的头顶长着一个厚厚的凸起，周围还长着一些小瘤和小棘，很像肿瘤，它的鼻子上也布满瘤状凸起、棘状刺。

大脑占全身重量最小的恐龙——腕龙。腕龙体重可达30~50吨，是最大型的恐龙之一。它们的外形类似今天的长颈鹿，但它们的头非常小，大脑仅占体重的万分之一。

中国最大的恐龙——马门溪龙。马门溪龙化石出土于中国四川省，体长约25米，体重约为27吨。

中国发现恐龙化石最多的省份——四川省。马门溪龙、蜀龙、峨嵋龙、永川龙、华阳龙、沱江龙等恐龙化石都出土于四川省。另外，内蒙古、新疆、山东、广东等地也是恐龙化石出土较多的地区。

森林一幕

太阳偏西了，炙热的阳光终于退去。在林中躲避一天的镰刀龙肚子也饿了，它慢悠悠地从树荫下站出来，来到丛林中觅食。你看它挥动镰刀一般的大爪子四处搅动树枝，专挑柔嫩的枝叶下手。"嚯！"镰刀龙吓了一跳——原来它的眼前钻出了一只长相丑陋恐怖的冥河龙。

这只冥河龙躲藏已久，它本想趁着天气凉爽的时候离开这，到别处去找点吃的。没想到这个家伙闯了进来——冥河龙便改变了主意。它本想趁镰刀龙专心咀嚼的时候扑过去的，没想到，它竟然先发现了自己。两只恐龙对视的一瞬间，镰刀龙吓了一跳，但它马上意识到这个脑袋上长刺的怪物会对自己造成威胁。它立刻摆出恶狠狠的表情，同时更用力地挥舞它那巨大的爪子，然后趁着冥河龙的目光被爪子吸引的时候，慢慢向后退去。

冥河龙当然知道镰刀龙的动作代表什么。它也不想浪费时间，便大吼一声——只见它身子稍向后退，粗壮的后腿猛然发力，向前一跃，整个身体便跟着蹿了出来。冥河龙大张着嘴巴，伸出了前肢想要将镰刀龙牢牢地抓在手中。但镰刀龙反应迅速，伸出了锋利的爪子刺向冥河龙的手掌。冥河龙的掌心被划破了——但这只是皮外伤，并不碍事。

冥河龙晃了晃头，再次集中力量向镰刀龙发起进攻，而镰刀龙则是一边抵挡一边后退。这一次，冥河龙卯足了劲，向镰刀龙扑过去。它本想跳上镰刀龙的背，用力地压垮它。可当它腾空跃起的时候，肚皮却暴露于镰刀龙的爪下，这可给了镰刀龙绝好的机会。只听"哎呦"一声嚎叫，一股血喷了出来——受伤的是冥河龙，它的肚皮被镰刀龙划破了。

受伤的冥河龙顿时失去了力气，它重重地落在了地上。又是"噗"的一声，它的腹部喷出了更多的血，甚至溅到了镰刀龙的身上。冥河龙躺在地上无助地"哼哼"着，没有了还手之力。

但镰刀龙不知它的底细，也不敢继续攻击。况且，镰刀龙对肉类本来就不感兴趣。所以，它只是对着冥河龙嘶吼了几声，便趁着冥河龙倒地不起的时候钻入了林子中。

森林里重新恢复了平静。

三角龙

三角龙生存于白垩纪晚期的北美洲，它与霸王龙相邻而居，经常发生打斗，但经常处于劣势地位；同时，三角龙属于角龙科，与它同属一科的恐龙还有原角龙以及牛角龙等。三角龙是最晚出现的植食性恐龙之一，最突出的外形特征是头上长有三只十分突出的尖角。

正在行走的三角龙

头上生有三只尖角，一只位于口鼻部上方，另两只位于两眼上方，长度约为 1 米

头颅的骨质头盾很短，但十分坚硬

外形奇特

三角龙体形庞大，体长为 6~7 米，高 2.4~2.8 米，体重可达 6000 千克。它们有着陆地动物中最大型的头颅，头盾的长度超过 1.5 米。

脚趾形状为短蹄状，前脚掌有 5 根脚趾，而后脚掌只有 4 根脚趾

姿势推测

三角龙外形结实，四肢强壮。行走时保持直立姿势，肘部略微弯曲。当它们处于抵抗或是进食状态时，它们可能会采取伸展的姿态。

植食性恐龙

三角龙喜食草类，因为头部不能抬高，所以，它们主要以低矮处的植被为食；当它们面对较高处的植被时，它们也可以采取撞倒的方式获取食物。三角龙的喙状嘴长且狭窄，非常适合抓取、撕扯植物。

三角龙的骨骼化石

不断更新的牙齿

三角龙的牙齿呈齿系状排列，每列牙齿数量可达 36~40 颗，上下颌两侧各有 3~5 列牙齿群，牙齿总数最大可达 800 颗。不过，它们并不能同时发挥作用，因为牙齿是不断地更新的。这种牙齿特性说明，三角龙可能以大块的富含纤维素的植物为主食。

角的功能

关于三角龙头上的角的功能，科学家提出了多种假设，如装饰物或是防御工具等。比较可信的一种假设是防御功能。三角龙的角是实心骨质角，坚硬结实，具有很强的杀伤力；当它们遭遇威胁时，它们能以 24 千米/时的高速向敌人发起进攻。

正在进食的三角龙

三角龙的角很厉害，连暴龙、霸王龙也不敢轻易捕食它们

性格温和

虽然三角龙外形奇特恐怖，且具有强大的攻击力，但它们性格非常温和，从不轻易发脾气。但当它们处于求偶期或是遭遇食肉恐龙的袭击时，它们也会变得十分暴躁，极具攻击性。

如果拔掉三角龙的长角，它会怎样？

奇思妙想

对于一只三角龙来说，三只坚硬的长角是它反击霸王龙欺凌的最有力的武器，如果失去了，它会变得不堪一击。

事实上，对于绝大多数角龙类家族的恐龙来说，无论是原角龙、秀角龙还是后来的三角龙、戟龙等等，它们在不断躲避和反击天敌的过程中，不断修正基因，进而进化出越来越粗、越来越长、越来越多的尖角。因为头上高耸的尖角是它们防卫的有力武器。因为头骨上的一些骨骼过大，遮住了颈部，继续向身体后方扩展延伸，甚至越过肩膀，这样，它们的头部就得到延长，形成了宽大的颈盾。

这种大型的头颅以及高耸的尖角，便是角龙类恐龙威慑和反击敌人的资本及利器。但就角龙群体内部来说，个体之间也会发生一些摩擦和不愉快，也会有偶尔的打斗现象。有时，它们也会因为一些"大事"而展开角力，比如繁殖期争夺配偶，保卫和抢夺头领地位。不过这种群体内部的打斗都是理性而有分寸的，只是点到为止，不会触及性命。而失败者也会乖乖地"认输"，默默退出争斗。

三角龙大战霸王龙

阳光普照大地，寂静的原野上忽然扬起了一股灰尘，原来是两只三角龙狂奔过来了。这是一对三角龙父子。它们跑得实在太累了，速度渐渐慢下来。三角龙爸爸机警地张望着，四周静悄悄的，它示意儿子小三角龙停下来休息一会儿。原来它们刚从几只霸王龙的围攻中逃脱出来。

它们大口地喘着气，鼻子里发出"哼哼"的气声——好像刮风一样。可是过了一会儿，三角龙爸爸却感到了一阵异常，它总觉得那几只霸王龙不会轻易放过它们，也许已经跟到附近了呢！

果然，小三角龙悄悄推了推父亲，用角指着远处的林子，那里的树叶竟发出了"唰啦唰啦"的响声——可是一点风都没有啊！三角龙爸爸明白了，它们被霸王龙跟踪了。

这对父子顾不得休息了，急忙背对背地靠着，缩紧了全身的肌肉，摆出一副战斗的姿态。霸王龙眼神极好，看到三角龙父子的样子，知道自己暴露了，便咆哮着跑了过来。

它先要冲破三角龙父子的防御，便向着它们中间扑上去，果然，两只三角龙分开又集中力量对付三角龙爸爸——因为它了。霸王龙根本没把小三角龙放在眼里。

面对霸王龙庞大的身躯和锋利的獠牙，三角龙爸爸丝毫不畏惧，它"气哼哼"地低着头，用角对准霸王龙的肚子，便是一阵猛扎。然而霸王龙力气十足，用它坚硬的大头去拱三角龙脆弱的颈盾，它想一口撕开三角龙的脖子。不过，三角龙爸爸经验丰富，总能巧妙躲开霸王龙的正面攻击。

两只大恐龙的搏斗持续了好久，战场范围也越推越远。渐渐地，三角龙爸爸似乎陷入了下风，总是在躲避霸王龙，而没有主动出击，以防为主了。而此时的它们已经到了原野的边缘——悬崖边上了。

"嗷呜"霸王龙突然发出了一阵嚎叫——剧痛来自它的尾巴，原来是小三角龙死命地咬住了它的尾巴……霸王龙急忙去甩动尾巴，想把小三角龙甩掉。霸王龙狠狠地甩了几下尾巴，小三角龙被甩出了很远。等霸王龙回过神来，却发现三角龙爸爸正仰着尖角向自己袭来——而它根本躲不过了。这一下扎得太厉害了，霸王龙整个身子冲了出去，一直到了悬崖边上。因为它身子太重，竟踩碎了脚下的石块——庞大的霸王龙就这样如同一片飘零的落叶跌入了深谷。

三角龙父子探头看了看悬崖下，嘴角露出了一丝胜利的微笑，扭头离开了……

慈母龙

慈母龙的英文名称含义为"好妈妈蜥蜴"。这是因为慈母龙化石被发现时还连着几只小恐龙骨架一同出土。于是，科研人员便将其命名为"慈母龙"。慈母龙的脸形很像鸭子，是最后存活的恐龙种类，灭绝于白垩纪晚期。

慈母龙把小恐龙生在自己的窝里，并亲自照看自己的孩子

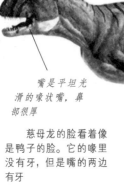

眼睛上方有一个实心骨质头冠，非常小

尾巴比较长，保持身体平衡

嘴是平坦光滑的喙状嘴，鼻部很厚

前腿比后腿短，走路时用四条腿，跑步时用两条腿

慈母龙的脸看着像是鸭子的脸。它的喙里没有牙，但是嘴的两边有牙

外形特征

慈母龙体形较大，身长为6~9米，体重可达2000千克。慈母龙头顶生有冠饰，位于眼睛前方，形状为小巧的尖状。这可能是它们求偶时与同类竞争的武器。

植食性恐龙

慈母龙喜食草类，行走方式为二足或四足。它们除了强劲有力的尾巴之外，就没有别的能够反抗肉食者的武器了。因此，它们过着群居的生活。慈母龙的群体极为庞大，数量可达上万之多。

慈母龙是植食性恐龙，同时还是最有爱心的"妈妈"

慈母龙蛋

产前准备

慈母龙是很聪明的恐龙，它们在产蛋之前，会选择一处泥土松软的地方，先用后腿刨出一个圆坑，有一张桌子那么大；接着，它们要寻找一些柔软的大片叶子，铺在坑底；然后再蹲坐在上面，将蛋产在窝里。雌性慈母龙每次能产蛋18~40枚。

精心抚育

  慈母龙在产蛋后，可能会在慈母龙父亲的协助下共同守护自己的孩子，以防止其他恐龙偷食。为了提高蛋的成活率，慈母龙母亲会小心地卧在蛋上，以提高蛋坑的温度。当它们外出觅食时，还会请别的恐龙来帮忙照看。小恐龙出世后，它们的母亲则会一直喂养它们，直到长大。

小恐龙每天吃掉的食物较多，慈母龙就要不辞辛苦地找食物

辛苦觅食

  新生的慈母龙幼崽喜欢鲜嫩的水果和植物种子，并且它们的食量很大，每天都要吃掉几百千克的新鲜植物。为了喂养自己的孩子，成年慈母龙要不停地奔波，寻找食物。它们真是非常慈爱的恐龙。

慈母龙的骨骼化石

慈母龙的群居生活

迁徙习性

  慈母龙生活在北美内陆地区，它们集群而居，为了寻觅食物，它们常常到处迁徙。它们在群体外出时，也十分注意保护自己的后代，常常是成年恐龙走在队伍的外侧，小恐龙则在长辈的保护下悠闲地走在队伍内侧，就像今天的象群外出那样。

如果温度升高,新生恐龙的性别会变吗?

对于哺乳动物来说,胎儿的性别是由父母的性染色体所决定的,但是对于恐龙来说,"新生儿"的性别极有可能是由受到孵化时的温度所决定的。这是科学家在观察研究了现生爬行动物性别与温度之间的关系后得出的推论。

以鳄鱼为例,它们孵化时的温度是至关重要的:

当孵化温度小于等于30℃时,鳄鱼"新生儿"的性别为雌性;

当孵化温度大于等于34℃时,鳄鱼"新生儿"的性别为雄性;

当孵化温度为32℃时,鳄鱼"新生儿"的性别不定,雌雄比例为5:1;

当孵化温度低于26℃或高于36℃时,鳄鱼卵会全部死亡。

此外,鳄鱼还具有选择巢址的考量,很有科学意识。它们会选择筑巢于阴凉的背风地带;只有少数鳄鱼产妇会筑巢于阳光直射的山坡。显然,筑巢于阴凉地带,可以孵化出更多的雌性鳄鱼,这利于鳄鱼家族的繁衍。

然而,性别由温度决定,对动物来说风险很大;气温稍有变动,便会带来灭顶之灾。

恐龙"幼崽"的性别也可能受温度的影响,这是有据可考的。我们现在所发掘出的恐龙蛋化石,多数属于白垩纪晚期,且都是未能成功孵化的。为什么会这样呢?原因有二:

1.白垩纪晚期气温较低,新生的恐龙"幼崽"多数为雌性,雄性屈指可数,性别失调,影响了恐龙的繁衍。

2.天气恶劣,导致恐龙蛋成批死亡。

慈母龙妈妈

慈母龙妹妹和妈妈闹了别扭，已经几天没说话了。因为它总觉得妈妈偏心。

就说昨天中午吧，明明大家都很饿，都蹲在窝里等着妈妈带回来的食物填饱肚子呢。可当妈妈拖着好大一捧浆果枝回来的时候，最先问的却是哥哥，还把看起来最新鲜、最饱满的浆果枝放在哥哥的面前。等轮到慈母龙妹妹的时候，却是很小的一捧，果子也是瘪瘪的，嚼起来又酸又涩。

"哥哥的果子肯定是香甜又水灵的！"想到这，慈母龙妹妹便向哥哥那边看了一眼，看哥哥那享受的样子，它觉得自己猜得准没错。想着想着，它竟流出了眼泪。可妈妈呢？却是一副全然不知情的样子，竟趴在哥哥那边睡着了。

慈母龙妹妹决定离家出走。它觉得只有这样才能引起妈妈的注意。尽管自己的腿脚还不够硬实，但它依然拖着蹒跚的步伐离开了。

慈母龙妹妹一路走一路欣赏着森林里的美景，到处都是新鲜事儿！过了一会儿，它居然走到了自己姑妈家附近。它想打个招呼，却发现姑妈正忙活着呢！根本没看到它。于是它坐在一旁休息，想等姑妈忙完了再去问好。

它看到姑妈的肚子圆滚滚的，似乎要生产了。姑妈正用后腿使劲地刨土，它得在产蛋前刨出一个大坑；坑刨好了，它又小心翼翼地将早已准备好的大叶子铺在坑底；做好了这一切，它才坐在坑上，等待着小生命的降临。

不一会儿的工夫，姑妈就生出了所有的蛋。它顾不得休息，因为等小慈母龙钻出蛋壳的时候，它们就得要吃的。所以，姑妈急忙请邻居过来帮忙照看自己的孩子。它得赶紧去森林里采集浆果。

等它急匆匆地走过来时，才发现慈母龙妹妹。它吓坏了，急忙问道："孩子，你这是怎么了？你怎么自己出来了？"小慈母龙便对姑妈讲出了自己的委屈。

姑妈听了，便安慰它说："天下哪有不爱自己孩子的妈妈呢！森林里太危险了！你快回去，你妈妈本来就很辛苦，现在肯定着急地到处找你呢！"

正说着，森林那边就传来了慈母龙妈妈的呼唤声。慈母龙妹妹想到刚才看到的一幕，认识到自己的错误了，它急忙走过去，扑到妈妈的怀里，对妈妈说："妈妈，我爱你！"

窃蛋龙体形
较小，头部较短，
还有一个高耸的
骨质头冠

窃蛋龙

窃蛋龙，是活跃于白垩纪晚期的一种小型恐龙，身长 1.8~2.5 米，体重约 33 千克，仅有鸵鸟般大小。窃蛋龙指爪锋利，尾巴较长，能够保持运动中的平衡，因而科学家推测其具有迅捷的行动力。

窃蛋龙大小如鸵鸟，长有尖爪、长尾，推测其运动能力很强，行动敏捷，可以像袋鼠一样用坚韧的尾

锐利的尖角

窃蛋龙体形小巧，头部很短，头顶高耸着一个骨质头冠；窃蛋龙的嘴巴细窄，没有牙齿，喙部两个锐利的骨质尖角起到了牙齿的作用；它们的喙强壮有力，能够轻易地"咬"断骨头。

窃蛋龙的喙强而有力，可以敲碎骨头，和现在鹦鹉的喙差不多

短头比较像鸟类的头

坚韧的长尾巴像袋鼠一样，可以保持身体的平衡，跑起来速度很快

四肢健壮

窃蛋龙虽然小巧，但前肢强壮，掌上生有三根手指，每根手指末端是弯曲而尖利的爪子；第一指十分短小且灵活，能将猎物紧紧握在掌中。窃蛋龙后肢长，十分健壮，奔跑速度极快。

前肢很强壮，每个掌上还长着三个手指，上面都有尖锐弯曲的爪子，能把猎物紧紧抓住

窃蛋龙把植物的叶子覆盖在巢穴上，让植物在腐烂的过程中产生孵化所需要的热量，进行自然孵化

自然孵化

窃蛋龙具有群居的习性，生产时，成年窃蛋龙会事先用泥土筑成一个圆锥形的巢穴；巢穴最深处可达 1 米，直径超过 2 米；且有多个类似的巢穴相连，其间距为 7~9 米。窃蛋龙埋好蛋后，便找来叶子盖住巢穴，利用植物腐烂所散发出的热量为巢穴增温，以达到自然孵化的目的。

窃蛋龙的巢穴中心深1米，直径2米，每个巢穴相距7~9米远

身披羽毛

　　窃蛋龙与鸟类有着极高的相似性，胸腔拥有类似鸟类的骨骼构造；而根据科学家对窃蛋龙近亲天青石龙的研究，发现天青石龙具有尾综骨，这是鸟类固定尾巴羽毛的有力支撑。在原始窃蛋龙的身上，科学家也曾发现过羽毛的压痕；这说明，窃蛋龙极有可能身披羽毛。

杂食性恐龙

　　窃蛋龙平时喜欢吃植物的果实，但当植物果实减少时，它们也会吞食一些小型的软体动物，比如淡水蚌、蛤蜊等生物。因此，科学家推测窃蛋龙不是单纯的植食性恐龙，而应属于杂食性恐龙。

鲜艳的冠饰

嘴里没有牙齿

运动能力强，行动敏捷，喜欢吃植物的果实，也会吞食小型软体动物

以讹传讹

　　人们最初发现窃蛋龙化石时，还发现了一窝恐龙蛋和一只原角龙化石，由此，人们认为窃蛋龙在偷食原角龙的蛋，所以，它得名"窃蛋龙"；但事实上，它正在保护自己的蛋，而原角龙只是路过而已。然而，因为国际动物命名法规，一旦认定的名字是不可以轻易改变的，因此，它只能永远地背负"罪名"了。

窃蛋龙照顾小恐龙

它的骨骼和不能飞行的大型鸟类很相似

如果天冷了，恐龙会冬眠吗？

奇思妙想

对于鸟类和哺乳动物来说，因为体内具有完善的体温调节机制，既能产生热量来温暖自己，又能通过汗液蒸发和呼出热气来降低过高的体温，所以，它们能够保持相对恒定的体温，而不受外界环境变化的影响。

但对于现生的爬行动物来说，当严寒天气来临时，它们就得钻入洞穴中，进入冬眠的状态。这是冷血动物的共性。因为它们并没有进化出一套适合自己的体温调节机制，所以当环境温度发生变化，它们的正常生活就会受到影响。只有处于适宜的温度之下，它们才会有适宜的体温，才能进行一系列的生存活动。

那么，对于"爬行动物之王"的恐龙来说是否也有冬眠的习性呢？

答案是没有。首先，恐龙是体形十分庞大的动物，动辄几米，几十米长；体重以吨计，这样庞大的体形要想钻入地下洞穴过冬，实在难以想象。若是以另一种形式"过冬"的话，比如一动不动地躺在地面上，造成"尸"横遍野的恐怖景象，更是引人发笑的场面。

而根据古代气候资料记载，在恐龙活跃的中生代，地球处于温暖期，气温较高，并且一年内的气温稳定，昼夜温差也很小，就连南北两极地带也十分温暖，植被茂密。在平坦的大陆腹地，更是一片水域丰沛、生机盎然的气息。地球被各种绿色植物所覆盖，这为恐龙提供了充足的食物来源，因此，它们不需要冬眠。

被冤枉的窃蛋龙

窃蛋龙妈妈今天真是倒霉，差点失去自己的孩子。

原来，窃蛋龙妈妈刚产出了一窝恐龙蛋，为了让自己的孩子在温暖的窝中早点出世，它正小心地给它们铺盖大叶子呢！可不知道从哪冒出了一只原角龙，上来就抓住了窃蛋龙妈妈，还嚷嚷着："你这个偷蛋的贼，今天我终于抓到你了！"窃蛋龙妈妈感到大惑不解，它甩开原角龙，慌忙呵斥道："你要干什么，不要吵到我的孩子，它们就要钻出来了。"可原角龙却不依不饶地嚷嚷道："我们原角龙家族最近丢了好多蛋，大伙都说你这个新来的最可疑，今天被我抓到现行，你还不承认吗？"

窃蛋龙妈妈听了气不打一处来，它拉着原角龙走远了几步说道："我们刚刚搬家过来，你们丢了蛋，就怀疑我。你拿出证据来？""还要什么证据，蛋就是证据。一定是你趁原角龙妈妈不在，想要用叶子盖住它的蛋窝，然后再据为己有。"窃蛋龙简直要气疯了，它摇头带跺脚地否认。过了一会儿，窃蛋龙决心好好给这个不了解自己的原角龙讲解一下自己族群的习惯。它平息了怒气，对原角龙说："我们窃蛋龙家族就是这样的，蛋产出来以后，要在上面盖上叶子，为的是保暖，暖和了，我的孩子才能快速、安稳地钻出蛋壳。所以，我不是什么偷蛋的贼。"可原角龙根本听不进去，非拉着窃蛋龙去首领那里评理。窃蛋龙没办法，只好跟着它走。

到了原角龙首领那里，这两只恐龙又是一番争吵，谁也不能说服谁。就连原角龙首领也拿不定主意了。这时候，一只刚刚生产过的原角龙母亲出来说话了："不如我们等那窝恐龙蛋孵化出来，看它长得像谁，不就知道答案了吗？"大伙纷纷同意。

于是，大伙便一同来到了窃蛋龙的蛋窝附近守着。过了一会儿，有一只急性子的小恐龙顶破蛋壳探出了头。大伙赶忙上去查看，看看它的头顶——没有尖角——只是一个小鼓包；尾巴细长，体形也不大——长得真像窃蛋龙。

这下，大伙都知道错了，误会解除。它们急忙向窃蛋龙妈妈道歉，承认自己冤枉了窃蛋龙。窃蛋龙妈妈也原谅了它们。后来，这两个家族还成了好朋友。

鸭嘴龙

鸭嘴龙活跃于 1 亿年前的白垩纪后期的亚洲及北美洲等地，是较为大型的鸟龙类恐龙，属植食性恐龙。鸭嘴龙体形庞大，体长可超 15 米。近年来，考古学家还发现了体长超过 22 米的鸭嘴龙。

鸭嘴龙最吸引人的就是那张很像鸭子的嘴巴

尾巴粗长，尾椎较多

眼睛类似马、牛的眼睛，视力好

外形特征

鸭嘴龙头上有艳丽的冠饰，吻部由于前上颌骨和前齿骨的延伸和横向扩展，构成像极了鸭嘴的宽阔吻端，因此得名鸭嘴龙。鸭嘴龙的前肢短小，生有 4 趾，而后肢仅有 3 趾，但粗壮有力，尾巴粗长有力。

嘴向前延伸，边缘扁平

前肢短小，生有 4 趾，力量弱

后肢仅有 3 趾，但粗壮有力

栉龙鸭嘴龙

鸭嘴龙的骨骼化石

前肢的作用

鸭嘴龙前肢的作用主要是掠取树叶并塞入口中；后肢的第一趾退化严重，几乎不可见，仅有第三趾较长；第五趾完全消失，后足为鸟脚状。

两大族群

鸭嘴龙可分为两大族群：一是头骨构造正常的平头类；另一类则是头顶生有奇异形状的棘或棒形突起，且鼻骨或额骨异形的栉龙类。

觅食的鸭嘴龙

生活环境

鸭嘴龙活跃的年代已经是白垩纪的晚期，当时的地球处于极为动荡的时代。陆地面积不断扩大，水域纵横；开花植物开始茂盛起来，早期的裸子植物只剩苏铁、松柏、银杏等物种存活下来。这为喜食植物的鸭嘴龙提供了繁衍的生机和良好环境。

牙齿很多，关节系统和咬合肌肉发达，坚韧的植物纤维都能咬碎

生活习性

后肢粗壮，习惯两足行走

鸭嘴龙属二足恐龙，前足趾间有蹼，适于水中行走；它们行动迟缓，几乎没有防身利器，因此，为了躲避肉食性恐龙的袭击，它们多数时间会选择在沼泽地、湖泊中行动及觅食。而它们的食物则以柔软的植物或是藻类以及小型软体动物为主。

平头鸭嘴龙

群居生活

鸭嘴龙是大型植食性恐龙，为了自身安全，它们喜欢集群而居，而它们的群体数量十分庞大，包含多个品种的恐龙，比如鸭嘴龙和副龙栉龙等；古生物学家曾推测，鸭嘴龙的一个群体或许有一两万之多。

如果霸王龙偷袭，鸭嘴龙该怎么办？

More

对于绝大多数鸭嘴龙来说，其外形上最显著的特征便是头顶上高耸的骨质顶饰，有管状、钢盔状或是球状等等，不一而足。这种独特的顶饰是从鼻骨延伸出来，向外凸起而形成的。顶饰多数为中空的，空腔与鼻孔相连，也就是鼻腔通道的一部分。这延长的鼻腔无异于增加了嗅觉细胞的数量，这样，鸭嘴龙便具有了极其灵敏的嗅觉。

鸭嘴龙是植食性恐龙，可谓"手无寸铁"的恐龙——全身上下都没有进化出什么有效的防身利器，因此，它们天生就是霸王龙的攻击对象。然而面对天敌的进攻，它们也有自己的一套法宝——极其灵敏的嗅觉。这是它们躲避猎食者霸王龙的唯一条件。

鸭嘴龙喜欢集群生活，它们多选择水草丰美的湖畔地带栖居。它们悠闲地觅食休息，但又随时警觉着，特别是当有霸王龙出现时，他们很早就能通过嗅觉嗅出霸王龙的独特气息。这时候，鸭嘴龙中的成年头领便会突然发出低吼，这声音会立即传遍四方，附近的鸭嘴龙一听到这种独特的信号，会立即紧张起来，以最快的速度跳进湖水中。

果然，不久之后，一只霸王龙就大摇大摆地出现了，但它不敢下水，只能对着湖面哇哇乱叫。

鸭嘴龙寻亲

一只粗心的平头鸭嘴龙妈妈生下了一个蛋。可在家族迁徙的时候，它却忘了自己的孩子，匆匆忙忙地跟着队伍出发了。

午间温热的阳光照射到这个蛋上，加速了它的孵化。很快，一只同样平头的小鸭嘴龙破壳而出了。它伸长着脖子，四下里打量着，到处都是明晃晃的，安静极了。它不知道自己该干什么，只是觉得肚子"咕噜、咕噜"地叫着。

看到不远处的叶子，它便想过去尝尝。它好不容易才把周围的蛋壳撞开，腿脚颤巍巍地迈了出来。走了几步，它才适应自己走路的姿势。很快，它来到了矮丛林中，伸出扁扁的嘴，拽了好多嫩叶吃。

等它吃饱了，才发现附近还有一只大恐龙。那大恐龙对它说："嗨，小鸭嘴龙，你怎么没跟着妈妈一起走呢？""妈妈？我没见过我的妈妈呀，你能告诉我它长什么样吗？我要去找它。""哦，你的妈妈长着一张扁扁的嘴，跟你一样的，它们刚从这往前面走去了。"

小鸭嘴龙听了，急切地想见到自己的妈妈，留下一句"再见"就跑开了。它一边走一边到处张望，生怕自己错过了妈妈。走了好半天，它终于看到前面浩浩荡荡的一支队伍，正在缓慢地向前走着。它暗暗鼓励自己："那里面一定有我的妈妈，我得再快一点才行。"

它卖力地奔跑着，终于赶上了那支队伍。它一边喘着大气，一边观察着，原来它们也长着扁扁的嘴巴，"这里面肯定有我的妈妈！"它大喊道，"妈妈，妈妈你在哪？"可是它喊了好几声，也没人回答它。它急坏了，嗓子都要喊哑了。

它见没人理它，就拍拍旁边一只高大的恐龙，问它："你看到我的妈妈了吗？我听人说，我妈妈就在这里面呢！"那只高大的恐龙回头看看它，上下打量一番后，对它说："孩子，我们的嘴巴虽然长得一样，但是你看看你的头，是平的；我们的头又长又凸出，你的妈妈在前面那个队伍里呢！"

小鸭嘴龙左右瞧瞧，又拍拍自己的头顶，它明白了。道了一声谢后，小鸭嘴龙顾不得休息，大步地向前追去。

当小鸭嘴龙追上了前面的队伍，它才发现，这些大个子真的跟自己长得一模一样。而它的妈妈也听到了它的呼唤声，它终于找到了自己的妈妈。

伤齿龙

伤齿龙活跃的年代处于白垩纪晚期，其名称含义为"老旧而破碎的牙齿"。最初，人们曾误以为伤齿龙是一种蜥蜴，后来，人们又误会它是长相蠢笨的恐龙。但当人们复原了伤齿龙的骨骼全貌后，发现它是最聪明的恐龙，因为它的大脑比例很大，感官十分灵敏。

伤齿龙的头部很大，修长的体形像一只大鸟

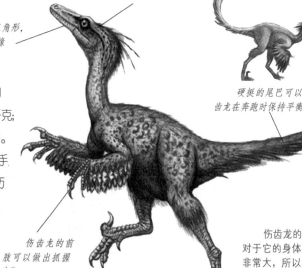

头部较大，智商高

牙齿呈三角形，都具有锯齿边缘

硬挺的尾巴可以使伤齿龙在奔跑时保持平衡

体形小巧

伤齿龙体形不大，体长约为2米，高1米，体重仅有60千克；伤齿龙四肢修长，是运动健将。长长的手臂，可以向后折起；手部指关节灵活，动作丰富；伤齿龙的第二根脚趾上生有一根长长的能够缩起的锐利趾爪，奔跑时，它们会抬起这根趾爪，以提高行进速度。

伤齿龙的前肢可以做出抓握动作

伤齿龙的头部相对于它的身体而言，非常大，所以是一种相当聪明的恐龙

最聪明的恐龙

伤齿龙的眼睛很大，位置靠前，似乎拥有超强的夜视能力，它们的捕猎对象可能包含夜间行动的哺乳动物。它们的头颅骨很轻，头颅占身体很大的比例，是恐龙中脑袋最大的一种，因此，伤齿龙称得上最聪明的恐龙。

杂食性恐龙

最初，人们将伤齿龙当作肉食性恐龙，以小型动物为食；但随着研究的深入，人们发现它有类似鬣蜥的嘴以及善于研磨的牙齿，这些都是植食性或是杂食性动物所共有的构造。因此，伤齿龙应是一种以质地较软的食物为食的恐龙，它们的牙齿还没有坚硬到可以咬碎骨骼的程度。

生存环境

伤齿龙的化石出土地位于今天美国的蒙大拿州以及阿拉斯加州一带，这说明伤齿龙经常活跃于气候寒冷的地带，而其他出土化石也证明了，在北部高寒地带，伤齿龙数量众多，它们更能适应当地的严寒。

做扑食状的伤齿龙

孵蛋高招

伤齿龙智商很高，它们甚至有更高超的孵蛋技巧。它们在产蛋前，就会用爪子在地上刨出一个坑，然后将蛋产在坑中，并用沙土掩盖，这样做的目的是防止其他不怀好意的恐龙的盗食和踩踏。

孵蛋的伤齿龙

黄昏捕猎

黄昏时分常常是伤齿龙捕猎的最佳时机，因为它有很强的夜视能力，不受光线暗淡的影响。但对于其他小动物来说，暗淡的光线会令它们寸步难行，失去了白天的灵活性——这便为伤齿龙提供了可乘之机。

伤齿龙的群居生活

如果恐龙继续进化会有 "恐龙人" 吗？

6500 万年前的一场灭顶之灾毁灭了恐龙家族。然而科学家更为好奇的是，如果恐龙躲过那场灾难，是否能逐步进化成更为高级的智慧生物——"恐龙人"？

过去，很多科学家把恐龙看作是十分蠢笨、毫无智力可言的生物，它们唯一的结局似乎就是等待灭绝——不是毁于突发性灾难，便是被冻死于漫长的冰河期。然而，近年的科学发现证明，人类对恐龙抱有太多偏见。

比如，地球两极地区恐龙化石的出土，让我们相信恐龙对气候的改变具有很好的适应能力。通过对恐龙骨骼化石的研究，科学家得知，恐龙更接近哺乳动物和鸟类，它们可能属于温血动物，因而具备了调节体温的能力以适应气候的变化。所以，没有那场灭顶之灾的话，它们能生存得更久，甚至熬过寒冷的冰河期。

而在恐龙家族中，最有可能进化成"恐龙人"的族群则是伤齿龙部落。它们是当时最高级也最具智慧的恐龙。它们甚至有着狐狸一般的狡黠：个子不大，直立行走，过着群居的生活；另外，它们视力极好，甚至能够运用智慧解决一些简单的问题。

因此，有科学家相信，正如人类的进化需要漫长的年代一样，如果条件适宜的话，恐龙也极有可能进化为更高等的生物。

然而，这种观点也受到了另一些科学家的质疑和嘲讽，他们更倾向于恐龙会沿着自己的轨迹进化，而不一定非要进化为跟人类似的生物。

伤齿龙的复仇

伤齿龙就要当妈妈了，它选好了一块沙土地，那里土质松软，适合刨坑做窝。它卖力地用后腿刨地，很快就刨出了一个不大不小的坑，它稳稳地蹲坐在上面。不一会儿，就产出了几枚恐龙蛋。

它满意地望着自己的"成果"。忽然，它好像想到了什么似的，急忙把刚才刨出去的沙土又推了回去——原来它是怕冷风冻坏了自己的孩子，也为了防止别的恐龙误踩了自己的孩子。它小心翼翼地轻推着，生怕力气太大压坏了自己的孩子。

可就在它四下里跑来跑去的时候，一只大个子恐龙走过来，原来是一只头上长着奇怪的骨冠的副栉龙。

副栉龙第一次看到伤齿龙，它觉得伤齿龙可真难看，个子小小的，一脸的蠢笨样子。又看到它很不灵活地四下绕圈，更觉得它好笑。副栉龙便大笑着问："你这个蠢家伙，笨手笨脚的干什么呢？"伤齿龙看了它一眼，冷冷地说："我要用沙土埋住这个坑，免得我的孩子冻着。"听到这，副栉龙笑得更大声了，"哈哈！你们的孩子以后也会跟你一样子也一样难看吗？看我们副栉龙多么漂冠呢！"伤齿龙知道这是一只骄傲自个子小不是它的对手，便不再理会它。

可副栉龙还以为伤齿龙怕它了，去，用力把伤齿龙撞到一边，还故意大摇大摆地走开了。

伤齿龙看到自己的孩子还没出世就一定要为孩子报仇。可它个子太小，根本同伴，跟大伙一起商量怎么教训一下可恶的副栉龙。

蠢笨吧！样亮，有着好看的骨大的副栉龙，而自己

反而更加放肆起来，它走过踩碎了伤齿龙的蛋。随后便

没命了，恨得直咬牙。它发誓不是副栉龙的对手。它便找来几个

其中一个年老的伤齿龙给大家出了一个主意："副栉龙只是白天威风，到了晚上，它们的眼神不好，就不是我们的对手了。我们可以等到晚上袭击它们。"大伙纷纷表示同意。

很快，伤齿龙团伙就找到了副栉龙的家，它们躲在林子里，只等夜晚的到来。天一黑，副栉龙果然不动了，只能靠着大树休息。

这时候，伤齿龙团伙出动了，它们个个目光敏锐，灵巧有力。一阵嘶鸣声响起，伤齿龙团伙四面出击，很快就将毫无反击能力的副栉龙咬死了。

伶盗龙

伶盗龙，又名迅猛龙、速龙，是知名度很高的一种恐龙。伶盗龙的名称含义为"敏捷的盗贼"，属蜥臀目兽脚亚目驰龙科恐龙，生存于白垩纪晚期的蒙古高原地带。伶盗龙是亚洲发现最早的驰龙类恐龙，它的发现地位于蒙古共和国境内的戈壁滩上。

伶盗龙有史前"杀手"之称

"小个子"恐龙

在恐龙家族中，伶盗龙属于小巧型的，成年伶盗龙的体长约为 2 米，臀高仅为半米，体重不足 150 千克。伶盗龙的头颅骨很长，约为 25 厘米，口鼻部向上翘起，形成一个上凹下凸的布局。伶盗龙的口腔内稀松地分布着 26~28 颗锯齿状牙齿。

伶盗龙是一种两足恐龙

牙齿锋利

手掌宽大，上面长着三根锋利且弯曲自如的指爪

腕部骨骼构造精巧，使得它可以做出十分复杂的弯曲及抓握动作

作扑食状的伶盗龙

三根指爪中，中间的最长，两边的稍短

捕猎的法宝

伶盗龙的牙齿锋利，是非常活跃的捕食者；从它们的头身比例来看，头部厚重，这说明它们有着机敏的性格，即使遇到行动迅速的猎物，也能快速出击。尖牙利爪和疾速奔跑是伶盗龙捕猎的两大法宝。

伶盗龙常在干旱的沙丘地带捕食

尾巴坚挺

伶盗龙的尾巴十分坚挺，几乎不可弯曲，这是由它的尾部构造决定的。伶盗龙尾椎上生有一个前关节突，再加上肌腱已经骨化，导致它们不能做出弯曲的动作。不过，它们可以在横向上随意地转动；这保证了它们在奔跑时不会失去平衡，同时也可以实现快速转向。

奇怪的步伐

行走的姿势很特别，它们的后肢上生有四趾，但它们只用第三、四趾行走；第一根脚趾是小型的上爪；第二根脚趾则可以向上收起、悬空，上面还长有长达 6.5 厘米的锋利趾爪，这也是它们进攻的强有力的武器。

尾巴坚挺，几乎不可弯曲

正在奔跑的伶盗龙

口腔内分布着 26~28 颗锯齿状牙齿

前肢趾部也有利爪，能灵活抓握

有羽毛的恐龙

据古生物学家的考证，伶盗龙的祖先是一种身披羽毛、具有飞行能力的恐龙。但伶盗龙是否有羽毛，则一直处于论证之中。在 2007 年的一份研究中，古生物学家发表了他们的最新观点，伶盗龙也是一种有羽毛的恐龙。因为科学家在伶盗龙的前臂化石上发现了羽茎瘤。

伶盗龙骨骼化石

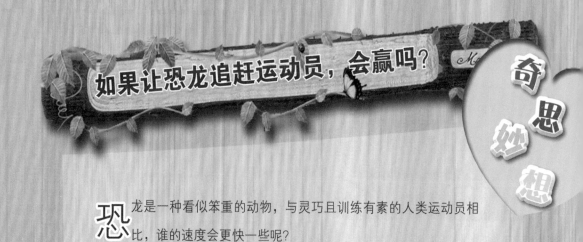

如果让恐龙追赶运动员，会赢吗？

恐龙是一种看似笨重的动物，与灵巧且训练有素的人类运动员相比，谁的速度会更快一些呢？

要回答这个问题，我们得先想办法测算出恐龙奔跑的速度到底有多快。前不久，英国古生物学家利用电脑模拟技术计算出了几种恐龙的奔跑速度。他们选取的样本包括美颌龙、伶盗龙、霸王龙、异特龙等恐龙。他们的计算过程是这样的：

科学家根据每种恐龙解剖体的组织构造为其计算出其最有效率的行走姿态，然后又利用几天的时间详细地推断出每种恐龙最适宜的生物力学模式；接着，他们开始用计算机模拟出恐龙从蹒跚学步到熟练快跑时所采用的姿态和速度。在此过程中，科学家选取一名体重71千克的男性运动员作为人类样本，他的速度被设定为28.4千米/时；同时，科学家选取一只重65千克的鸵鸟和一只27千克的鸸鹋的奔跑速度为辅助参考数据，最终计算出了几种恐龙的奔跑速度。

结果表明，二足的美颌龙的奔跑速度最快；而霸王龙虽然最笨重、速度最慢，但它拥有长腿的优势，所以步伐也更大，让它去追运动员的话，也是毫不逊色的。

"懒汉"的下场

伶盗龙家族一直流传着一句古训："好汉吃鲜肉，懒汉吃烂肉！"这句古训是怎么来的呢？其实这其中有一个故事。

在恐龙家族中，伶盗龙似乎是一个不起眼的存在。它们体形小巧，跟同胞们庞大的身躯比起来，真是弱不禁风。然而，伶盗龙很聪明，一点也不比那些大块头们弱，它们有好多办法来捕食猎物。

一次，伶盗龙家族的首领得到了消息：一只原角龙在附近安家了，而它刚刚产了蛋，正全心守护自己的蛋呢！这时候，它们身体很弱，心思又都在自己的孩子身上，正是一个偷袭的好机会。伶盗龙首领和家族中的成员商议过后，便宣布：明天一早若是下雨，就集体出动，袭击那只原角龙。大伙纷纷点头同意。

第二天一早，天刚蒙蒙亮的时候，伶盗龙首领便睁开眼："下雨了！赶紧出发！"它一下子蹦起来，摇醒了身边的同伴们。大伙知道下雨了，也都赶忙清醒了过来。可是有几只伶盗龙却怎么也推不醒，它们连眼睛都不想睁开，只是嘟囔着说："你们去吧！这种天气只适合睡大觉！再说我还不饿呢！你们快走，别吵我！"

伶盗龙首领感到无奈，为了不错失机会，它便带着那些勤快的同伴出发了。它们静悄悄地走着，连一丁点声音都不敢发出。离原角龙的巢穴越来越近了，它们连大气都不敢喘了。可是一声惊雷响起，惊醒了原角龙。它警觉地四下望了望，很快发现自己被一群伶盗龙包围了。

它只想保护自己的孩子，便决定主动出击。它发狂一般地冲了上去，想要用角顶死那些小强盗。然而，它的块头再大，吼声再吓人，也挡不住四下进攻的袭击者。很快，它被割破了肚子，连内脏都露出来了。它慢慢地倒下，眼睁睁地看着伶盗龙蜂拥而上。

一个早上的厮杀终于结束了，起个大早的伶盗龙终于吃饱喝足了。太阳出来了，它们也感到困倦了，便扬长而去——地上只剩半具没被吃了的尸体了！

等它们回去睡觉的时候，那些"懒家伙"终于睡醒了，它们感到饥饿，但又不好意思张口问剩肉的事。又过了好久，那几个懒汉实在饿得受不了，便悄悄溜出去，想找点剩肉吃。可当它们走到那的时候，原角龙的尸体已经开始腐烂了。没办法，肚子饿，它们只好大口吃掉了腐烂的剩肉。

好汉吃鲜肉，懒汉吃烂肉，挺公平的。

翼　龙

翼龙，又名翼手龙，希腊名称含义为"有翼蜥蜴"，这说明翼龙不是恐龙，它是恐龙的近亲。翼龙是第一种能飞上天的脊椎动物，起源于侏罗纪晚期，曾称霸于白垩纪晚期的天空。翼龙家族曾进化出近百个分支品种。

翼龙是最早飞上天空的爬行动物

外形特征

翼龙家族的各个分支体形有大小之别，大者如同一架飞机般大小，而小者则与一般鸟类相当；最大的翼龙翼展可达 12 米。翼龙有着发达的肌肉，又长又细的后腿；休息时，习惯将后肢悬挂于树干上。头颅骨轻巧结实，嘴是细长的，眼睛很大。

头骨较轻

嘴细长，眼睛大

尾巴基本上已经退化或消失了

翼龙并不像鸟类那样翱翔于天空，只能在它的生活环境附近滑翔

身体结实，后腿长而细

擅长飞行

翼龙是第一种能够在天空翱翔的脊椎动物，这是因为它们具有特殊的生理构造，它们的翼是从身体侧面到第四节翼指骨之间的皮肤膜衍生出来的。前面 3 个指骨细长且弯曲如钩。翼龙的翼膜是为飞翔而生的，但极为脆弱，远没有鸟类的翼那么强韧灵活。

巨大的尖嘴，牙齿有 10 厘米长

骨骼构造

翼龙的前肢退化严重，只有第 4 指进化为粗长的飞行翼指。翼指由四节翼指骨组成，指尖没有爪，它们与前肢连接在一起，作为飞行翼的前缘；翼龙的腕部进化出一个独特的构造，这便是前伸于肩部的翅骨，它是翼膜强有力的支撑。前三个手指生在翼膜外侧，第五指已退化不见。

由皮膜形成翼面

体温恒定

　　翼龙身上被羽毛覆盖，具有较高的新陈代谢水平，帮助它们维持恒定的体温。同时，它们具有更为先进的神经系统以及完善的循环和呼吸系统，这一切都是它们适应飞行而演化出来的生理功能，这也使它们与爬行动物家族有了迥异的区别。

最大的翼龙是风神翼龙，展开双翼有
11~15米长，相当于一架飞机大小

翼龙的骨骼化石

视力良好

　　翼龙的脑子大，具有良好的视觉神经系统，视力发达。它们每日盘旋于水域上空，能够发现水中的游鱼和小虾等小型动物。它们在捕猎时，行动迅捷，可谓百发百中。

卵生繁殖

　　翼龙以卵生的方式繁殖，类似今天的鸟类。它们会把卵产在水边的沙地上，似乎还掌握了孵卵和抚育幼崽的技巧。在这一过程中，雌性翼龙发挥了巨大的作用。在性别的差异上，雄性的骨盆小，头骨有脊；而雌性骨盆大，头骨无脊。

翼龙在海面飞翔

翼龙在海边、湖边的岩石或树林中滑翔，有时也在水面上盘旋

栖息环境

翼龙喜欢在海边、湖边的岩石或是树林中觅食或进行其他活动。它们虽然长有翅膀，但并没有长距离地翱翔于蓝天的能力，只能在湖面上盘旋。它们比鸟类早7000万年适应了空中的生活。在不断飞翔的过程中，它们进化出了很多类似鸟类的骨骼特征。

翼龙可以从天空中发现飞行的昆虫以及水中游动的鱼、虾等小型水生动物，并能迅速出击，准确地捕食它们

第一个翼龙胚胎化石

世界上第一个翼龙胚胎化石出土于中国的辽宁，它有着超过一亿年的历史。这个发现证明了一个极其重要的事实——翼龙是与恐龙同时出现又同时灭绝的物种，它们比最早的鸟类早7000万年，而且它们的繁育方式并非胎生，而是卵生。

翼龙胚胎化石

翼展超过 12 米

种族起源

翼龙祖先的近亲被推断为是生存于三叠纪晚期的斯克列罗龙，理论依据为它们有着十分相似的踝部结构，且能以二足方式站立。但有人反对这个观点，他们在电脑绘图软件的帮助下，得出了一个新的结论，即翼龙类与原蜥形目存在亲缘关系。

翼龙是地球上曾出现的最大型飞行生物

翼龙的个体大小和形态差异很大，大的展翼有12米，如披羽蛇翼龙，其宽度相当于一架F-16战斗机，而小的却形如麻雀

鼎盛时期

　　侏罗纪和白垩纪时期是翼龙家族
最为繁盛的阶段。翼龙目源于爬虫类
的古龙亚纲，与恐龙和鳄类属于同一
个纲目之下，而鸟类则是古龙类的后
裔。到三叠纪时期，古龙类衍生出二
足步态，前肢自由地作为其他方式的
应用。翼龙类的前肢则进化为两翼。

翼龙常生活在湖泊、浅海的上空

灭绝假想

　　在过去，人们曾将翼龙灭绝的原因归结为鸟类的出现和竞争。
在白垩纪晚期，天空里翱翔的翼龙多为大型翼龙，早已不见小型
翼龙的身影——它们的生态地位被鸟类的始祖所替代。然而从
出土的化石记录来看，并没有小型翼龙的记录，这也可能
是由于它们的骨架脆弱难以保存所导致的，与鸟类的竞
争并无关系。

膜从胸部延展到极长的
第四根手指上，以其他指骨支
撑着膜

最新猜想

　　关于翼龙的灭绝，新的观
点认为翼龙在进化的过程中
适应了依靠海洋的生活模式，
所以，当白垩纪灭绝事件发
生时，翼龙与海洋生物一同
灭绝。但也有相反观点认为，
白垩纪晚期，翼龙的种族依然
庞大，分支众多，只是在数量
上与早期相比有所衰减。

如果没有气候剧变，恐龙会灭绝吗？

恐龙的突然灭绝可以称得上是地球历史上一个最不可思议的谜题。关于恐龙灭绝的观点和假说很多，最为流行的一种观点便是大陆板块运动引起气候剧变而导致恐龙灭绝。

从侏罗纪开始，远古大陆进入了逐渐解体并缓慢漂移的阶段，到白垩纪时，这一过程开始加速，地球进入狂躁期，地壳隆起上升形成山脉，引起了气候的改变。

当大陆最初解体时，洋底抬升，新生的海洋漫溢于世界各地，这导致了全球气温均一，而这样的环境是有利于恐龙的生存和繁殖的。但到白垩纪末期，海洋面积缩减，气候也随之发生剧变。两极地区进入寒冷时期，恐龙的体温自然也随之降低。虽然它们凭借厚重的脂肪所储存的热量能够熬过寒冷的几个月，但当气温开始回升时，它们却不能让身体迅速升温，新陈代谢降低，失去了往日的活力。反复几次后，恐龙的死亡率逐渐升高。

气候的变化引起了天气的剧变，风暴随时到来，寒冷的天气导致了大量植物和海洋生物的死亡，随之而来的是以它们为食的动物的死亡，以及大型肉食性恐龙的最终覆灭。

但这只是关于恐龙灭绝的一个假设，另一个影响较大的观点是小行星撞击地球导致"核冬天"的到来——致命的射线、灼热的气浪、漫天的尘埃，这些导致了氧气稀薄、植物枯萎、气候寒冷。几个月后，地球爆发了可怕的生物大灭绝事件。

然而不管是哪种假设，恐龙灭绝的事实是无法改变的，我们能做的只是继续寻找恐龙灭绝的最可靠的原因。

小翼龙学飞翔

一只新生的小翼龙正仰着头出神地望向天空，嘴里还不时地发出赞叹的声音。原来让它羡慕赞叹的正是一群在天空自在翱翔的成年翼龙——只见它们目视前方，张扬着翅膀，悠闲地翱翔着。它们忽高忽低，仿佛天空就是它们的舞台一般。

一只成年翼龙注意到小翼龙羡慕的神色，便扑棱着翅膀缓缓地降落在小翼龙的身旁。它问小翼龙："你一直在看着我们，你也想学习飞翔吗？"小翼龙红着脸点头道："我当然想学了，可是我不敢。""没关系的，我从前也像你一样，要想学会飞翔就得多多练习，不要害怕失败。"小翼龙听了，受到了鼓舞，便害羞地问："你可以教教我吗？"

"好啊！我有一个秘诀，能快速学会飞翔呢！"小翼龙十分好奇，急忙向前辈请教。可前辈只是说了一句"跟我来吧"便飞走了。小翼龙不明白前辈葫芦里卖的什么药，只好跟跟跄跄地蹦跳着跟着。小翼龙怕错过前辈的路线，一路仰头看着，直到前辈落在一块高大的礁石上停了下来。小翼龙费了好大的劲才爬上去——等小翼龙停住脚的时候，才发现那礁石好高呀！小翼龙吓得不敢往下看。可是前辈却站在礁石边上，半只脚都悬空啦！它回头叫小翼龙往前走，像它这样站着。小翼龙根本不敢迈步，前辈叫了几次，它才慢腾腾地走到礁石边上，前辈叫它再往前一点，说马上就要传授它秘诀了。在秘诀的刺激下，小翼龙才壮着胆子站到礁石边上，它根本就不敢睁眼。

"快睁开眼，看我的！"说完，成年翼龙便向前迈步，整个身子都跌落下去了，只见它迅速收起后脚，又张开臂膀，就那样稳住了，扑棱几下，便飞了起来。成年翼龙在空中盘旋几圈，飞到小翼龙的头顶，对它喊道："怎么样，我这个办法灵不灵？你也试试！"小翼龙点点头，又摇摇头："可是我不敢，我怕摔下去！"

"如果你不迈出这一步，你永远都只能在地上羡慕我们了！"说完，翼龙前辈竟飞走了。小翼龙看着前辈的身影，愣住了，它还是不敢。

这时候，海边刮起了一阵大风，将瘦弱无力的小翼龙吹得站不稳了，摇晃之中，它的身体扑空了。情急之下，它急忙收起后腿，又张开双臂，扑棱几下，它竟然平稳落地了。

小翼龙愣住了，它回想刚才的过程，似乎飞翔也没那么可怕。想到这儿，它又一次跳到了礁石边上，这一次，它勇敢地飞了下去……

蛇颈龙

蛇颈龙是生活在海洋中的爬行动物，它们的祖先是陆生生物，后来才适应了海中生活。蛇颈龙化石几乎广遍全球；蛇颈龙生存时间极长，跨越三叠纪到白垩纪晚期数千万年的时间。它们喜欢干净的水域，以鱼类为主食。

身体宽扁，颈长似蛇，可以做很大的弯曲

海洋霸主

蛇颈龙体形硕大，身长最长可达 18 米，体形宽扁，尾巴较短；颈部很长，名称也由此而来。它们与鱼龙一起，称霸海洋数千万年。

身体灵活，四肢已经退化为适于划水的肉质鳍脚，是游泳健将

腭部生有长长的尖齿，常在鱼群中肆意穿梭，捕食鱼类

蛇颈龙脖子极长，活像一条蛇，鳍脚像四支很大的船桨，使身体进退自如，转动灵活

尾巴较短

两个分支

根据不同的颈长，科学家将蛇颈龙划分为两大族群：长颈型蛇颈龙和短颈型蛇颈龙。长颈型蛇颈龙生活在海中，鳍脚巨大且灵活；颈部极长，且伸缩自如，能远距离攫取食物。短颈型蛇颈龙又被称为上龙类。它们的颈部很短，体形健硕，嘴很长，头也很大。同样生有大型鳍脚。

捕食中的蛇颈龙

蛇颈龙既能在水中往来自如，又能爬上岸休息

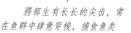

蛇颈龙头骨

海底觅食

古生物学家曾在瑞士的远古海底沉积层中发现一处奇怪的"痕迹"，一个明显的凹槽。这极有可能是蛇颈龙活动过的痕迹。这便证明蛇颈龙具有海底觅食的习性。而这个凹槽则是它们捕猎海底软体生物时留下的。

在侏罗纪和白垩纪
海洋中，蛇颈龙一直是
海洋霸主

喜食肉类

蛇颈龙的牙齿细长而单薄，从结构上看，它们是一种喜食肉类的生物，但并没有撕咬猎物的力量，所以更适合以软体动物为主食。它们的食物主要以鱼类为主，甚至还包括蛤蜊、螃蟹以及其他的海底贝类。

蛇颈龙的骨骼化石

吞食胃石

科学家曾在蛇颈龙胃部化石中发现了多达 135 颗的光滑石头。科学家推测，它们的作用是帮助蛇颈龙消化。

胎生动物

古生物学家经过研究发现，蛇颈龙具有与多数爬行动物完全不同的繁殖方式——它们并非卵生，而是胎生。研究人员曾在一具完整的蛇颈龙化石的腹中取出了蛇颈龙幼崽，其性别为雌性。这说明蛇颈龙是将幼崽直接生出体外的。

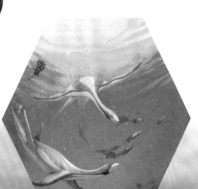

蛇颈龙长颈伸缩自如，
可以攫取较远处的食物

蛇颈龙正在游弋捕食

奇思妙想

对于一只动物来说，寿命长短会受到其生长模式的影响。非限定生长的动物寿命要长于限定生长的动物。假如我们将现生动物的非限定生长模式套用在恐龙身上的话，可以得出某些种类的恐龙从孵化到成年所需的时间分别如下：

原角龙需要 26~38 年；中型蜥脚类恐龙需要 82~118 年；而那些巨型蜥脚类恐龙如腕龙等则需要上百年的时间才能发育成熟。如果成年后的恐龙再能活上同样长的时间的话，腕龙的寿命可达到 300 岁。

另外，动物的新陈代谢水平也是决定动物生长快慢的重要因素。一般来说，热血的脊椎动物要比冷血动物生长得更快；但是生长速度快则意味着寿命短，长得慢的寿命才长。

那么，恐龙是热血动物还是冷血动物呢？它又有着怎样的新陈代谢水平呢？这个答案至关重要。古生物学家倾向于多数恐龙属于热血动物（即温血动物）。如果这是真的，那么，我们可以用现生的脊椎动物的生长模式来推算恐龙的寿命。它的寿命可以达到几十或一百多岁。

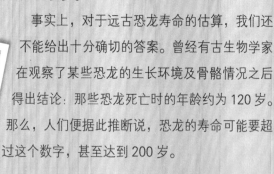

事实上，对于远古恐龙寿命的估算，我们还不能给出十分确切的答案。曾经有古生物学家在观察了某些恐龙的生长环境及骨骼情况之后得出结论：那些恐龙死亡时的年龄约为 120 岁。那么，人们便据此推断说，恐龙的寿命可能要超过这个数字，甚至达到 200 岁。

躲过一劫的蛇颈龙

近来，蛇颈龙家族流传着一种可怕的说法：自己家族的水域里居然来了一群"强盗"——一群走投无路的恐怖沧龙。

听说，它们原来的领地闹起了"饥荒"——大鱼都被凶猛的沧龙吃光了——所以，当它们听说这里生活着蛇颈龙家族的时候，便成群结队地杀来了。

所有的蛇颈龙父母都告诫自己的孩子们："千万不要到太远的地方玩耍，也不要到太深的海底；因为那些歹毒的沧龙最擅长的就是埋伏作战，然后再来个突然袭击；一旦被它们盯上，就惨了！"大家伙都吓坏了，只能在熟悉的水域中捕食和玩耍。

可不知怎么，有一只小蛇颈龙竟然在觅食的时候迷路了。本来，它看到了一群小鱼，便打算跟踪它们，等它们游累了自己就冲上去，一口吞掉它们。

小蛇颈龙在跟踪鱼群的时候，没有留神距离的问题，它竟越走越远了。等它吃饱喝足的时候，才发现自己已经游出了很远的距离，而这片水域的光线暗淡，到处散落着一些巨型的礁石。它想起了妈妈的告诫，急忙掉头往回返。

可它没游出多远，就看到一块礁石后面露出了几条粗长的大尾巴。"难道我已经陷入沧龙的包围中了？"小蛇颈龙想起了妈妈的话，它似乎预料到狡猾的沧龙马上就要发动攻击了。蛇颈龙强迫自己镇定下来，立即想办法逃走——可自己除了游泳速度快，也没有别的优势了。

"那也要快点跑，只要我的速度够快，它们一定追不上我的！"想到这，蛇颈龙暗中发力，鳍脚划动的速度快极了，一下就蹿出了十几米远。沧龙似乎也感受到了蛇颈龙的焦急，它们也不躲藏了，迅速追了出来。

可蛇颈龙实在灵活，它拼命划动鳍脚，速度很快；为了消耗沧龙的力量，它不停地左右摇摆，灵活地在礁石间绕来绕去。有好几次，沧龙都要追上蛇颈龙了，可一个转弯，又被它逃掉了。

追了一会儿，沧龙便感觉体力不够了，它们并不善于长距离地游泳。这时候，一群鱼游过来了，分散了沧龙的注意力，"捉不到蛇颈龙，吃点新鲜的鱼肉也不错。"它们的速度与鱼群比起来，还是有优势的。这么一想，沧龙便专心地追逐鱼群去了。

这下，蛇颈龙总算是躲过了一劫，它一刻也不敢停，急急忙忙游回了父母的身边。

图书在版编目（ＣＩＰ）数据

恐龙王国 / 黄春凯编. -- 哈尔滨 ：黑龙江科学技
术出版社, 2019.1
（探索发现百科全书）
ISBN 978-7-5388-9853-8

Ⅰ. ①恐… Ⅱ. ①黄… Ⅲ. ①恐龙 – 少儿读物
Ⅳ. ①Q915.864-49

中国版本图书馆 CIP 数据核字(2018)第 211555 号

探索发现百科全书·恐龙王国

TANSUO FAXIAN BAIKE QUANSHU · KONGLONG WANGGUO

作　　者	黄春凯	
项目总监	薛方闻	
策划编辑	薛方闻	
责任编辑	侯文妍　张云艳	
封面设计	佟　玉	
出　　版	黑龙江科学技术出版社	
	地址：哈尔滨市南岗区公安街 70-2 号　邮编：150001	
	电话：（0451）53642106　传真：（0451）53642143	
	网址：www.lkcbs.cn	
发　　行	全国新华书店	
印　　刷	北京天恒嘉业印刷有限公司	
开　　本	787 mm×1092 mm　1/16	
印　　张	10	
字　　数	200 千字	
版　　次	2019 年 1 月第 1 版	
印　　次	2019 年 1 月第 1 次印刷	
书　　号	ISBN 978-7-5388-9853-8	
定　　价	39.80 元	

本社常年法律顾问：黑龙江大地律师事务所 计军　张春雨